"十四五"职业教育国家规划教材

"十三五"职业教育国家规划教材

逆向工程与3D打印技术

主　编　王　晖　张　琼　杨　凯

副主编　李华雄　刘　松　欧旭辉

　　　　刘林海　郭　辉　杨炽洪

重庆大学出版社

内容提要

本教材包含产品前端设计、中端 3D 打印制作、后端产品后处理这三个紧密联系的工艺模块。以产品项目为载体,依据产品的工作流程安排设计任务,共包含十个子项目内容,每个项目均由若干个任务构成,便于读者学习和理解。项目 1 至项目 5 介绍了 3D 打印中的前端设计环节,项目 6 至项目 10 介绍了当今主流的3D 打印工艺、产品后处理以及设备的维护、保养、常用故障诊断与排除。

图书在版编目(CIP)数据

逆向工程与 3D 打印技术 / 王晖,张琼,杨凯主编.
－－ 重庆:重庆大学出版社,2019.9(2023.8 重印)
ISBN 978-7-5689-1422-2

Ⅰ.①逆… Ⅱ.①王… ②张… ③杨… Ⅲ.①工业产品—设计②立体印刷—印刷术 Ⅳ.①TB472②TS853

中国版本图书馆 CIP 数据核字(2019)第 100415 号

逆向工程与 3D 打印技术
NIXIANG GONGCHENG YU 3D DAYIN JISHU
主 编 王 晖 张 琼 杨 凯
策划编辑:苟荟羽
责任编辑:周 立 版式设计:周 立
责任校对:刘志刚 责任印制:张 策
＊
重庆大学出版社出版发行
出版人:陈晓阳
社址:重庆市沙坪坝区大学城西路 21 号
邮编:401331
电话:(023) 88617190 88617185(中小学)
传真:(023) 88617186 88617166
网址:http://www.cqup.com.cn
邮箱:fxk@cqup.com.cn(营销中心)
全国新华书店经销
中雅(重庆)彩色印刷有限公司印刷
＊
开本:787mm×1092mm 印张:21.5 字数:540 千
2019 年 9 月第 1 版 2023 年 8 月第 3 次印刷
印数:2 193—4 200
ISBN 978-7-5689-1422-2 定价:59.00 元

本书如有印刷、装订等质量问题,本社负责调换

版权所有,请勿擅自翻印和用本书
制作各类出版物及配套用书,违者必究

前　言

3D打印行业的迅速发展和广阔的市场前景，吸引了越来越多的企业涉足，尤其是高端工业市场。相应地，企业对3D打印专业人才的需求也越来越旺盛。逆向工程与3D打印技术是高职院校增材制造技术专业的专业核心课程，作为智能制造领域的核心技术讲授课程，在机械设计与制造、工业设计大类专业中覆盖面大，受益学生多。

为让更多的人了解增材制造技术和提升相关技能，佛山职业技术学院组织了部分高校、职业院校以及企业界的专家学者和业务骨干共同编写了3D打印系列丛书。本书围绕制造业转型升级急需的3D打印人才培养需求，深入实施人才强国战略，着力培养复合型高技能技术人才和卓越工程师。一方面，按照"推进产教融合"的要求，将最新的数字化设计技术进行有机结合，科技赋能职业教育，配套数字化教学资源库，开展数字化教育和智慧教育；另一方面，通过思政小故事的引入，推广劳模精神、劳动精神和工匠精神，以"构建高端制造装备"，"建设现代化产业体系，发展制造强国、质量强国"为指导精神，潜移默化引导学生努力争做大国工匠。

本书包含产品前端设计、中端3D打印制作、产品后处理这三个紧密联系的工艺模块。以产品项目为载体，依据产品的逆向设计和3D打印流程来安排设计任务，包括10个项目内容，每个项目由若干个任务构成，便于读者学习和理解。其中项目1主要介绍当今3D打印技术的发展概况及发展趋势；项目2介绍了Artec扫描仪及Geomagic Wrap数据处理；项目3介绍了ZEISS扫描仪及认识Geomagic Design X软件设计；项目4介绍了天远三维光学触笔的操作方法及用途；项目5介绍了便携式测量机绝对臂的扫描操作与测量方法；项目6至项目10介绍了FDM、SLA、SLS、SLM、PolyJet等主流3D打印机的打印工艺，产品后处理以及设备的维护、保养、常用故障诊断与排除。

本书由佛山职业技术学院的王晖以及湖南云箭集团有限公司的张琼、杨凯担任主编。在编写过程中，广东银纳增材制造技术有限公司、佛山市中峪智能增材制造加速器有限公司、北京天远三维科技有限公司、3D Systems公司等提供了大量帮助，在此一并表示感谢！

本书属于国家职业教育机械设计与制造专业教学资源库专业课程域子库配套教材。基本定位是中职、高职机械类以及机电类专业3D打印技术的应用教材，也可作为广大3D打印爱好者、3D打印从业者的自学用书或参考工具书。

编　者
2019年5月

本书思政元素参考如下：

内容	育人目标	案例
项目 1	1. 国家情怀教育 2. 培养创新精神	我国 3D 打印技术快速发展
项目 2	1. 培养工匠精神 2. 培养创新精神 3. 培养环境保护意识	修复敦煌莫高窟壁画像
项目 3	1. 遵章守纪教育 2. 培养工匠精神 3. 培养创新精神	机械加工
项目 4	1. 培养创新精神 2. 培养工匠精神 3. 培养环境保护意识	港珠澳大桥
项目 5	1. 培养担当精神 2. 培养工匠精神 3. 培养严谨工作态度	大国工匠胡双钱
项目 6	1. 树立科学发展观 2. 培养工匠精神 3. 培养创新精神 4. 培养环境保护意识	国内太空非金属 3D 打印实验
项目 7	1. 培养担当精神 2. 培养艰苦奋斗精神 3. 培养工匠精神 4. 培养创新精神	"中国 3D 打印之父"卢秉恒院士
项目 8	1. 培养全局意识 2. 树立科学发展观 3. 培养工匠精神 4. 培养创新精神	史玉升——获得国家科技进步奖
项目 9	1. 树立科学发展观 2. 培养科学家精神 3. 培养工匠精神 4. 培养创新精神	3D 打印技术在航天航空应用
项目 10	1. 培养创新精神 2. 培养国家情怀 3. 培养责任担当精神	国内企业自主研发全彩色打印技术

目 录

项目 *1*

3D 打印技术概况

（1）3D 打印技术概述

在多数人看来 3D 打印还是一个新生事物，其实在几十年前 3D 打印设想已开始酝酿。设计领域的许多人都知道 3D CAD（3D 计算机辅助设计），从 20 世纪 70 年代诞生到现在，3D CAD 历经几十年的发展，已经成为广大设计人员的有力工具。快速成型（Rapid Prototyping，RP）技术几乎与 3D CAD 的发展同步，人们从使用 3D CAD 的那天起就希望方便地将设计"转化"为实物，因此也就有了发明 3D 打印机的必要。

（2）3D 打印工艺简介

3D 打印技术又被称作增材制造技术或快速成型技术。简单来说，3D 打印就是一种将数字模型简单、快速地转化为实体模型的制造方法。根据零件的形状，每次制作一个具有一定厚度和特定形状的截面，再把它们逐层黏结起来，就得到了所需要的立体零件。当然，整个过程是在计算机的控制下，由 3D 打印系统自动完成的。

不同公司制造的 3D 打印设备所用的成型材料不同，系统的工作原理也有所不同，但其基本原理都是一样的，那就是"分层制造、逐层叠加"。这种工艺可以形象地叫作"增长法"或"加法"。

自 3D Systems 公司 1988 年推出第一台产品——SLA 快速成型机以来，已经有十几种不同的成型工艺问世，其中比较成熟的有 FDM、SLM、SLS、SLA、CJP 和 PolyJet 等。

（3）3D 打印常用材料介绍

基于材料堆积方式的 3D 打印技术改变了传统制造的去除材料的加工方法，其材料是在数字化模型离散化基础上通过累积式的建造方式堆积成型的。因此，3D 打印技术对材料在形态和性能方面都有了不同的要求。在早期 3D 打印工艺方法的研究中，材料研发根据工艺装备研发和建造技术的需要而发展，同时，每一种 3D 打印工艺的推出和成熟都与材料研究及开发密切相关。一种新的 3D 打印材料的出现往往会使 3D 打印工艺及设备结构、成型件品质和成型效率发生巨大的进步。用于 3D 打印的材料根据实体建造原理、技术和方法的不同分为薄层材料、液态材料、粉状材料、丝材等。不同的制造方法对应的成型材料的性状是不同的,不同的成型制造方法对成型材料性能的要求也是不同的。在 3D 打印技术发展的初期,一般都是设备制造商在从事所需求的材料的研究。随着 3D 打印技术的发展和推广,许多材料专业公司也加入 3D 打印材料的研发中,3D 打印材料正向着高性能、系列化的方向发展。

根据目前较为常用的 3D 打印材料来看,其性状的分类比较清晰,有液态材料、薄层材料、粉末材料、丝状材料等,分类见表 1.1。

表 1.1 3D 打印材料的种类

材料形态	液态	粉末		箔材	丝材	其他
		非金属	金属			
材料类别	光固化树脂	蜡粉 覆膜陶瓷粉 聚合物粉末 陶瓷粉 石膏粉 树脂砂	铜粉 覆膜钢粉 钛基粉 钨粉	覆膜纸 覆膜塑料 覆膜陶瓷箔 覆膜金属箔	蜡丝 聚合物丝	建筑材料 食品材料 生物材料

3D 打印材料及其性能不仅影响着制件的性能及精度,也影响着与制造工艺相关联的建造过程。3D 打印工艺对材料性能的总体要求有以下几个方面:

①适应逐层累加方式的增材制造建造模式。

②在各种 3D 打印的建造方式下能快速实现层内建造及层间连接。

③制件具有一定的尺寸精度、表面质量和尺寸稳定性。

④确保制件具有一定的力学性能稳定性及可降解性。

⑤无毒,无污染。

(4)3D 打印的应用领域

3D 打印具体应用领域包括:

①工业制造:产品概念设计、原型制作、产品评审、功能验证;制作模具原型或直接打印模具,直接打印产品;3D 打印的小型无人飞机、小型汽车等概念产品已经问世;3D 打印的家用器具模型,也被用于企业的宣传、营销活动中。

②文化创意和数码娱乐:形状和结构复杂、材料特殊的艺术表达载体。科幻电影《阿凡达》运用 3D 打印塑造了部分角色和道具,3D 打印的小提琴接近手工艺制作的水平。

③航空航天、国防军工:形状复杂、尺寸微细、性能特殊的零部件、机构的直接制造。

④生物医疗:人造骨骼、牙齿、助听器、义肢等。

⑤消费品:珠宝、服饰、鞋类、玩具、创意 DIY 作品的设计和制造。

⑥建筑工程:建筑模型风洞试验和效果展示,建筑工程和施工(AEC)模拟。

⑦教育:用模型来验证科学假设,并用于不同学科的实验、教学之中。

思政小故事

3D 打印技术(增材制造技术)已经成为本世纪前沿科技研究热点之一,其发展在一定程度上影响着国家综合实力的提升。20 世纪 90 年代初,清华大学、华中科技大学、西安交通大学等高校在政府资金支持下启动增材制造技术研究,相较于国外公司的发展历史,虽然我国 3D 打印设备起步较晚,但在短时间内取得较快进步,在航空航天汽车、船舶、核工业、模具等领域均得到了越来越广泛的应用,并不断深化,促进各技术领域取得重大突破。

项目 2

工业级手持式 3D 扫描仪

2.1 "太空蜘蛛"扫描仪的认识与基本操作

"太空蜘蛛"扫描仪

2.1.1 "太空蜘蛛"扫描仪的认识

(1)手持式 3D 扫描仪的认识

手持式 3D 扫描仪是一种科学仪器,用来侦测并分析现实世界中物体或环境的形状(几何构造)与外观数据(如颜色、表面反照率等性质)。其搜集到的数据常被用来进行三维重建计算,并在虚拟世界中创建实际物体的数字模型。这些模型具有相当广泛的用途,工业设计、瑕疵检测、逆向工程、机器人导引、地貌测量、医学信息、生物信息、刑事鉴定、数字文物典藏、电影制片、游戏创作素材等都可见其应用。

目前市场上主流的手持式 3D 扫描仪如图 2.1 所示。

图 2.1 Artec Space Spider 扫描仪(左)、天远三维 FreeScan X7 扫描仪(中)、
先临三维 EinScan 扫描仪(右)

（2）"太空蜘蛛"扫描仪

"太空蜘蛛"（Artec Space Spider）是 Artec 公司于 2015 年推出的高精度扫描仪，它是按照国际空间站的技术要求设计的，3D 扫描分辨率高达 0.1 mm，采用了上等电子元件，可长时间工作并保证绝佳的精度。

"太空蜘蛛"扫描仪是一个基于蓝光技术的高分辨率 3D 扫描仪，它拥有最大的 3D 扫描精度、分辨率以及最小的取景视野和取景深度，能捕捉物体或复杂的大型工业对象的详细信息，并能准确地辨别物体的颜色。工作频率高达 100 万点/s，远远超过了激光扫描仪，并且分辨率高（可达 0.1 mm）、精确度高（可达 0.05 mm）。

（3）"太空蜘蛛"应用范围及优势

1）应用领域

"太空蜘蛛"的应用领域如图 2.2 所示。

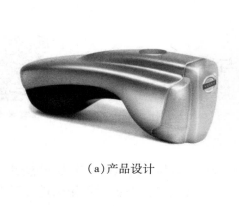

（a）产品设计

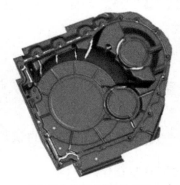

（b）工业设备零配件开发

（c）工业产品检测

（d）工业产品检测

图 2.2　应用领域

2）设备优势

①设备轻巧、易携带。

②无须标记点和手动对齐。

③能够提取目标物体的颜色。

④能够捕捉物体的纹理，扫描边缘尖锐的特征。

2.1.2　扫描流程及操作

（1）基本流程

"太空蜘蛛"的基本操作流程是通过对现有模型进行逆向扫描,进而获得整个模型的点云数据,最后在计算机三维软件上取得模型的重构。其详细操作流程见图2.3。

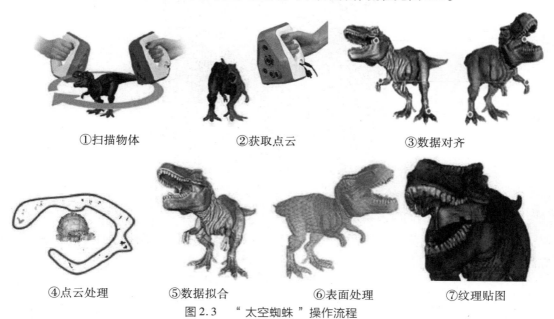

①扫描物体　　　　　②获取点云　　　　　③数据对齐

④点云处理　　　⑤数据拟合　　　⑥表面处理　　　⑦纹理贴图

图2.3　"太空蜘蛛"操作流程

（2）具体操作

1）对准需扫描的目标物体

在扫描过程中,将扫描镜头（图2.4）对准目标物体。

图2.4　扫描镜头

2）开始扫描测量

按下设备按钮（图2.5），开始扫描测量目标物体。

图2.5　设备按钮

（3）操作中存在的问题及解决方法

如果听到警报声，并且软件界面出现红色错误，需将扫描仪对准刚才扫描的区域。解决方法可参考表2.1。

表2.1　操作中存在的问题及解决方法

警报原因	解决方法
扫描过程中仪器强烈晃动	减少强烈晃动，对准上一次扫描处
扫描对象的特征太小	后期逆向建模以填补其特征
扫描移动速度太快	减缓扫描过程的镜头移动速度

项目实训

项目名称	操作 Artec 扫描仪	学时	2	班级	
姓名		学号		成绩	
实训设备	Artec 扫描仪	地点	快速制造中心	日期	
训练任务	使用 Artec"太空蜘蛛"扫描仪对物体进行扫描				

★案例引入：

　　客户有一个产品，如左图所示，要求对该产品进行扫描并获取数据文件。

鹦鹉模型

Artec 手持扫描仪

★训练一：使用 Artec Space Spider 扫描仪对身边物品进行扫描。

要求：①扫描数据尽可能完整。

　　　②在 15 min 内完成扫描操作。

★课外作业：

①试使用光学触笔对扫描工件进行测量。

②使用 Geomagic 软件进行逆向建模与数据对比分析，并输出报告。

③预习下一章节内容。

★5S 工作：请针对自身清理整顿情况填空。

□ 所使用设备已按要求关机断电。

□ 已整理工作台面，桌椅放置整齐。

□ 工具器材已放至指定位置，并按要求摆好。

□ 已清扫所在场所，无废纸垃圾。

□ 门窗已按要求锁好，熄灯。

□ 已填写物品使用记录。

小组长审核签名：

2.2　Artec Studio 数据处理

2.2.1　Artec Studio 软件的认识

Artec Studio 数据处理

（1）软件简介

Artec Studio 软件是 Artec 公司旗下的一款数据处理软件，它能够提供两种不同的扫描方式：扫描实时融合——软件会比对 3D 帧数来找到具有相同几何特征的形体，并在扫描时将这些形体实时融合在一起；纹理跟踪器——软件能够对形体的纹理和几何特征进行分析，并在扫描时对这些形体进行定位。软件如图 2.6 所示。

图 2.6　Artec Studio 软件

（2）软件的特点

①高精度：无论选择自动操作或是手动模式，Artec Studio 都不会牺牲精度。

②可选高级配置：Artec Studio 配备了一系列高级设置，经验丰富的用户可实现灵活、充分的软件控制。

③时刻保持高速度：帮助用户完成数据处理和自动化操作，节省时间。

④创建并处理大型数据集：Artec Studio 可支持多达 5 亿个多边形的数据集，适用于大型物体扫描及高分辨率 3D 模型的制作。

⑤直接兼容 CAD：Artec Studio 支持直接导出至 Design X 与 SOLIDWORKS，使 CAD 处理、扫描数据更为简便。

⑥使用 3D 传感器扫描：Artec Studio Ultimate 版本可兼容 3D 传感器。

（3）软件优势

①可在平板电脑上轻松操作 Artec Studio 中的各类工具来制作完美模型，同时可享受更大程度上的操控自由。

②提升后的新型记忆分布性能，使 Artec Studio 的大型物体扫描工作更为便捷。

2.2.2 Artec Studio 软件的操作步骤

（1）扫描采集数据

步骤1：使用"太空蜘蛛"扫描仪对准目标物体进行扫描，如图2.7所示。

步骤2：规范操作扫描仪，直至扫描仪扫描出物体的整体，如图2.8所示。

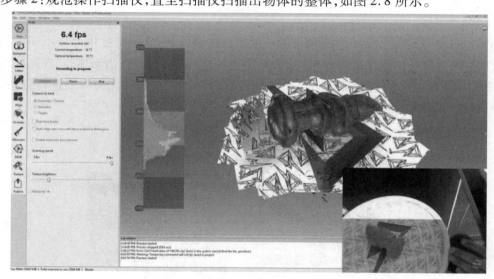

图 2.7　扫描仪扫描目标物体

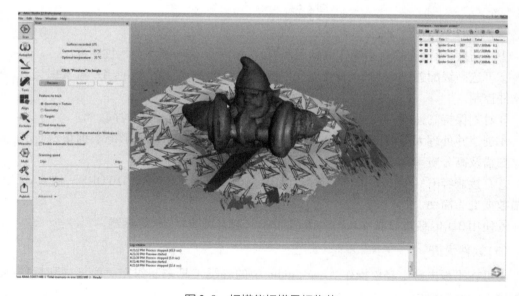

图 2.8　扫描仪扫描目标物体

（2）删除杂点

步骤1：隐藏其余扫描采集的点云数据，在"编辑"选项中选择"橡皮擦"命令，如图2.9所示。

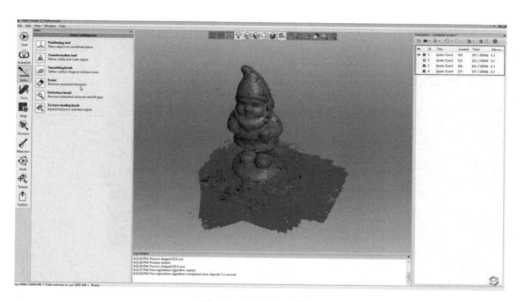

图2.9　隐藏点云数据

步骤2:选择"去除选择的平面"选项,如图2.10所示。

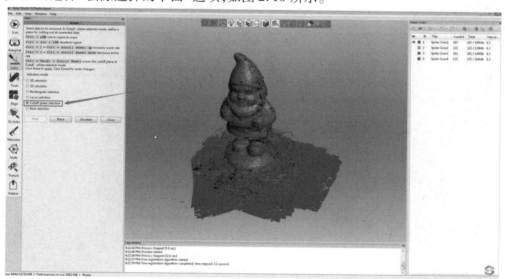

图2.10　选择"去除选择的平面"选项

步骤3:按住鼠标左键拖动选择需去除的平面,然后点击"去除"命令,如图2.11所示。

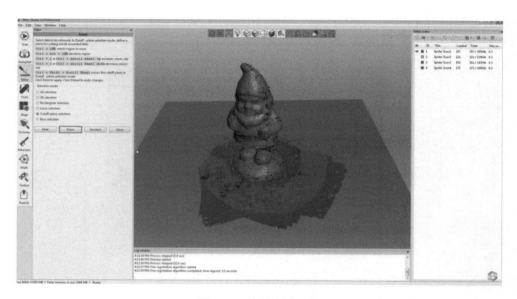

图2.11　去除所选平面

步骤4:应用此命令直至模型周边杂点去除完成,如图2.12所示。

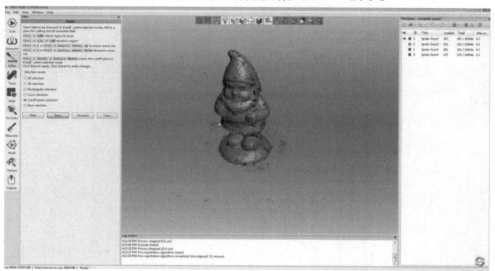

图2.12　删除杂点操作完成

（3）对齐数据

步骤1:选择需对齐的点云数据,如图2.13所示。

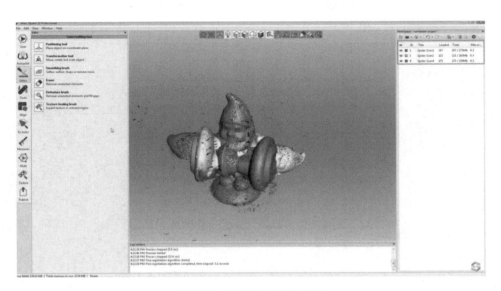

图 2.13 选择需对齐的数据

步骤 2:选择"对齐"选项,如图 2.14 所示。

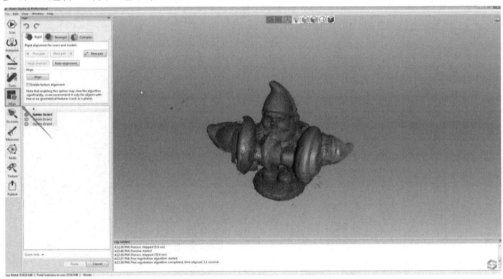

图 2.14 选择"对齐"选项

步骤 3:勾选"启用纹理对齐"命令,如图 2.15 所示。

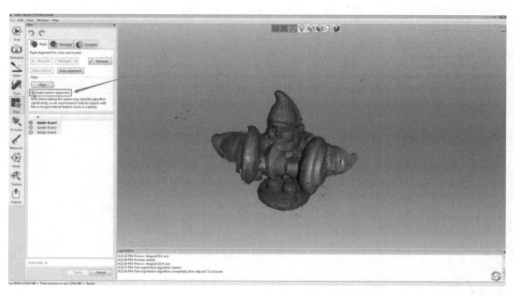

图 2.15　勾选"启用纹理对齐"命令

步骤 4：点击"自动对齐"命令，如图 2.16 所示。

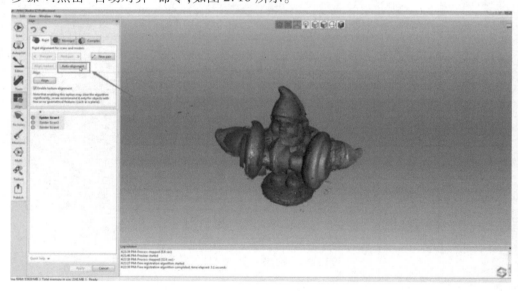

图 2.16　点击"自动对齐"命令

步骤 5：待计算完成后，模型数据对齐完成，如图 2.17 所示。

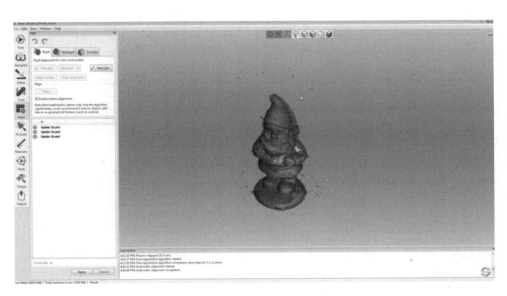

图 2.17 模型数据对齐完成

步骤 6：在"全局注册"选项中点击"应用"。

步骤 7：应用"去除体外孤点"命令，如图 2.18 所示。

图 2.18 应用"去除体外孤点"命令

（4）封装点云数据

步骤 1：应用"锐化融合"命令，可使点云数据转化为网格面片（Mesh）数据。

步骤 2：等待软件计算解析后，可得出模型的三维网格面片数据，点云数据封装完成，如图 2.19 所示。

步骤 3：完成封装后的数据模型文件保存为". STL"文件格式，后续可用此文件进行 3D 打印成型制作、模型逆向重构建模以及 CNC 数控编程加工。

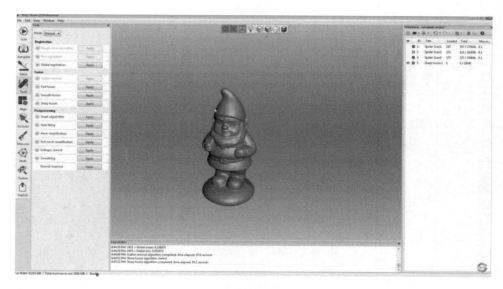

图 2.19　点云数据封装完成

项目实训

项目名称	Artec Studio 数据处理	学时	2	班级	
姓名		学号		成绩	
实训设备	"太空蜘蛛"扫描仪	地点	快速制造中心	日期	
训练任务	掌握 Artec Studio 软件的工作流程以及处理数据的操作				

★案例引入：

　　工程师使用"太空蜘蛛"手持式扫描仪对目标物体进行扫描,处理数据需用配置的 Artec Studio 软件进行处理,那么如何处理采集的数据呢?

Artec Studio 软件

★训练一：处理"太空蜘蛛"手持式扫描仪扫描采集的数据。

要求：①删除杂点。

　　　②对齐数据。

　　　③填写记录表格。

步骤	使用命令	备注
1		
2		
3		

★训练二：对处理完成的点云数据进行封装处理,生成网格面片数据。

要求：点云封装。

★课外作业：

①复习 Aterc Studio 软件处理数据流程及操作。

②试使用其他数据处理软件处理"太空蜘蛛"扫描仪采集的数据,观察比较有何不同。

★5S 工作：请针对自身清理整顿情况填空。

□ 已整理工作台面,桌椅放置整齐,无废纸垃圾。

□ 工具器材已放至指定位置,并按要求摆好。

□ 所使用设备已按要求关机断电。

□ 门窗已按要求锁好,熄灯。

□ 已填写物品使用记录。

小组长审核签名：

2.3　Geomagic Wrap 数据处理

Geomagic Wrap 数据处理

2.3.1　处理点云数据的要求与常用命令的介绍

（1）点云数据处理的要求

①取点扫描过程中产生的杂点、噪点。

②将点云文件三角面片化（封装），保存为".STL"文件格式。

（2）常用命令

🔸 着色：为了更加清晰、方便地观察点云的形状，将点云进行着色。

🔸 选择非连接项：指同一物体上具有一定数量的点形成点群，并且彼此间分离。

🔸 选择体外孤点：选择与其他绝大多数的点云具有一定距离的点（敏感性：低数值选择远距离点，高数值选择的范围接近真实数据）。

🔸 减少噪声：因为逆向设备与扫描方法的缘故，扫描数据会存在系统误差和随机误差，其中有一些扫描点的误差比较大，超出了允许的范围，这就是噪声。

🔸 封装：对点云进行三角面片化。

2.3.2　Geomagic Wrap 软件的操作步骤

（1）导入点云文件

步骤1：打开扫描保存的"practice"文件。

步骤2：选择点云文件所在的路径位置，点击"打开"进行导入。

步骤3：弹出文件选项对话框，选择文件选项中的采样比例为100%并勾选"保持全部数据进行采样"，点击"确定"。

步骤4：在弹出的单位选项中，设置单位为"毫米"，点击"确定"。

步骤5：文件导入完成，等待计算，如图2.20所示。

（2）将点云着色

步骤1：为了更加清晰、方便地观察点云的形状，对点云进行着色，选择菜单栏 🔸 "着色"→"着色点"，着色后的视图如图2.21所示。

（3）设置旋转中心

步骤1：为了更加方便地观察点云的放大、缩小或旋转，为其设置旋转中心。在操作区域中点击鼠标右键，选择"设置旋转中心"，之后在点云适合的位置点击。

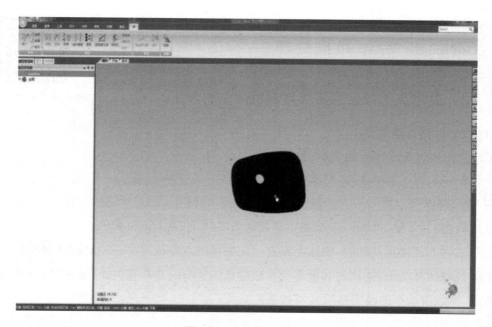

图 2.20　打开点云文件

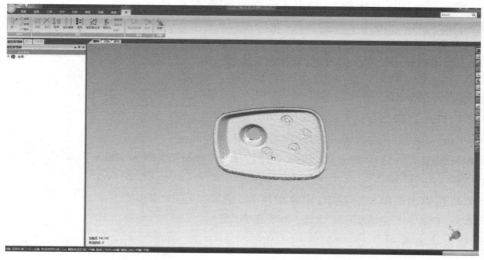

图 2.21　着色后点云效果

（4）选择非连接项

步骤 1：选择菜单栏的"选择"选项，在下拉菜单中选择"非连接项"。

步骤 2：在"分隔"的下拉列表中选择"低"分隔方式，这样系统会选择在拐角处离主点云很近但不属于它们那部分的点。"尺寸"为默认值 5.0，点击上方的"确定"按钮。此时点云中的非连接项被选中，并显示为红色。

步骤 3：命令执行后，选择菜单中的"删除"或按下 Delete 键。

（5）去除体外孤点

步骤 1：选择菜单中的"选择"→"体外孤点"按钮 ，如图 2.22 所示。

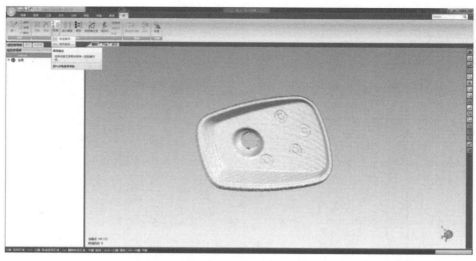

图 2.22　体外孤点命令

步骤 2：管理面板中弹出"选择体外孤点"对话框，设置"敏感度"的值为 100，也可以通过右侧的两个三角符号增加或减少"敏感度"的值，之后点击按钮。

步骤 3：点击"应用"，此时体外孤点被选中，如图 2.23 所示。

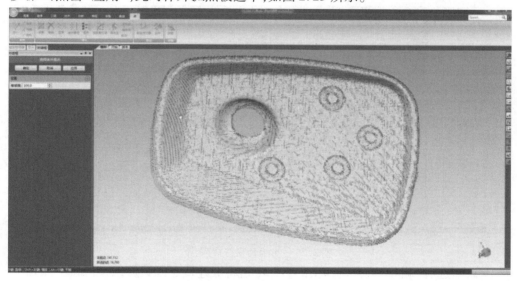

图 2.23　体外孤点选择后的效果

步骤 4：选择菜单中的"删除"或按 Delete 键来删除选中的点（此命令操作 2 ~ 3 次为宜），如图 2.24 所示。

（6）删除非连接点云

步骤 1：选择工具栏中的"选择工具" 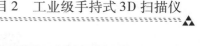 套索选项。

步骤 2：配合鼠标左键一起使用，如图 2.25 所示。

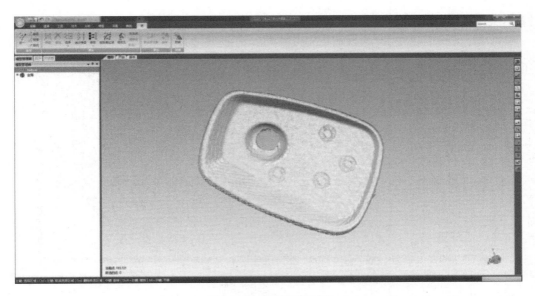

图 2.24 命令执行效果

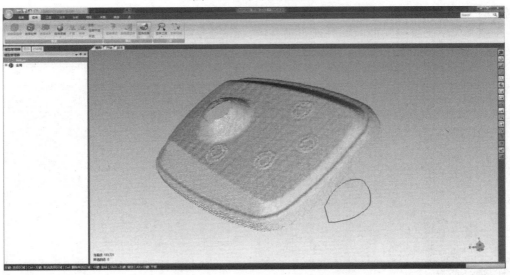

图 2.25 使用套索选择噪点

步骤 3:框选后"删除"或按键盘上的 Delete 键将非连接点云删除,如图 2.26 所示。

(7)减少噪声

步骤 1:选择菜单中的"点"→"减少噪声"按钮。

步骤 2:管理器模块中弹出"减少噪声"对话框。参数设置:选择"棱柱形(积极)","平弧度水平"滑标到无,"迭代"为 5,"偏差限制"为 0.05 mm。

步骤 3:选中"预览"选框,定义"预览点"为 3000,代表被封装和预览的点的数量。选中"采样"选项。点击"应用"按钮,退出对话框。

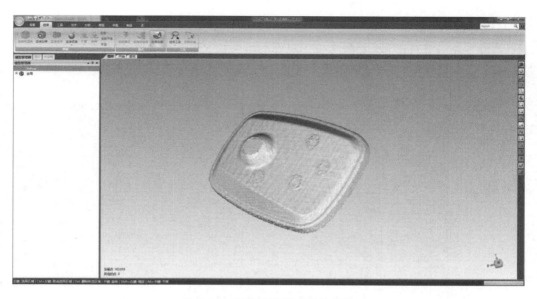

图 2.26　删除非连接点云的效果

（8）封装数据

步骤 1：选择菜单中的"点"→"封装"按钮 ![icon]。

步骤 2：系统弹出封装对话框，该命令将围绕点云进行封装计算，使点云数据转换为多边形模型。

步骤 3：通过"采样"按钮对点云进行采样。通过设置点间距来进行采样。目标三角形的数量可以进行人为设定，网格三角形的数量设置得越大，封装之后多边形网格越紧密。最下方的滑标可以调节采样质量的高低，可根据点云数据的实际特性进行适当的设置，如图 2.27 所示。

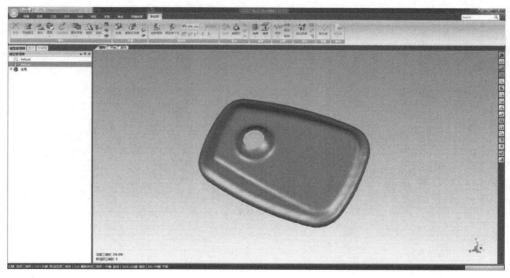

图 2.27　封装好的数据文件

23

（9）保存数据

点击左上角的软件图标（文件按钮），另存为".STL"文件，如图2.28所示。

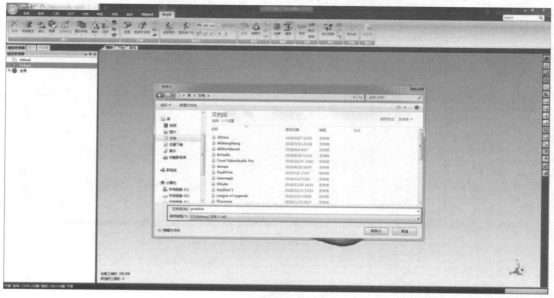

图2.28　另存为".STL"文件

思政小故事

　　敦煌，丝绸之路上一颗璀璨的明珠。千百年来，东西方文化、各民族文化在这里进行广泛的交流融合，形成了独特的艺术魅力。敦煌研究院利用彩塑三维扫描数据和3D打印技术，修复和还原了彩塑的神韵。通过对彩塑进行三维重建、艺术复原，高还原度展示精美的敦煌石窟彩塑，让更多的人领略敦煌彩塑静中似动的独特艺术魅力。

修复还原彩塑

项目实训

项目名称	Geomagic Wrap 数据处理	学时	2	班级	
姓名		学号		成绩	
实训设备	Artec 扫描仪	地点	快速制造中心	日期	
训练任务	使用 Geomagic Wrap 软件对扫描采集的数据进行处理				

★案例引入:

　　Artec 设备扫描物体后得到点云数据,但是点云数据存在问题,那么遇到这些问题应该如何处理呢?

点云数据

★训练一:使用 Geomagic Wrap 软件对"大白身体"点云数据进行预处理。

要求:①需去除周边噪声。

　　　②需去除体外孤点。

　　　③点云封装。

大白身体

★训练二:使用 Geomagic Wrap 软件对点云数据进行处理。

要求:①网格数据处理后不得出现钉状物和烂面。

　　　②在 25 min 内完成数据处理。

★训练三:使用 Geomagic Wrap 软件进行文件导出。

要求:①导出 Geomagic Wrap 源文件格式。

　　　②导出". STL"文件。

★课外作业:

①尝试使用 Artec 扫描仪对身边物品进行扫描并对扫描的数据进行处理。

②预习下一章节的内容。

★5S 工作:请针对自身清理整顿情况填空。

□ 所使用计算机已按要求关机断电。

□ 已整理工作台面,桌椅放置整齐。

□ 已清扫所在场所,无废纸垃圾。

□ 门窗已按要求锁好,熄灯。

□ 已填写物品使用记录。

　　　　　　　　　　　　　　　　　　　小组长审核签名:

项目 **3**

支架式 3D 扫描仪

3.1 认识 ZEISS 扫描仪

ZEISS 扫描仪

3.1.1 ZEISS 扫描仪

（1）主流的拍照式扫描仪

目前市场上主流的拍照式扫描仪有 ZEISS COMET L3D 扫描仪、天远三维 OKIO 扫描仪、先临三维 EinScan-SE 扫描仪,如图 3.1 所示。

（a）ZEISS COMET L3D扫描仪　　　　（b）天远三维OKIO扫描仪

（c）先临三维EinScan-SE扫描仪

图 3.1　主流的拍照式扫描仪

（2）ZEISS 扫描仪介绍

ZEISS 扫描仪简介见表 3.1。

表 3.1　ZEISS **扫描仪简介**

COMET L3D 数码蓝光 3D 扫描机	
简称	蔡司扫描仪
英文	ZEISS COMET L3D
原理	整个扫描过程基于光学测量原理。首先将一系列编码的光栅投影到物体表面，通过光的反射获得物体在空间里的点的三维坐标。由光栅投影在待测物体上，并加以粗细变化及位移，配合 CCD Camera 将所取得的数字进行影像处理，即可得知待测物体的实际 3D 外形
扫描过程	扫描物体→获取点云→网格面片化

（3）ZEISS 扫描仪的构成

ZEISS 扫描仪的构成部件包括扫描头、设备交换机、电源线、信号线、USB 数据线、软件加密狗、镜头组，如图 3.2—图 3.5 所示。

图 3.2　扫描头、设备交换机

图 3.3　电源线、信号线

图 3.4　USB 数据线、软件加密狗

图 3.5 镜头组

（4）ZEISS 扫描仪的规格

ZEISS 扫描仪的规格见表 3.2。

表 3.2 ZEISS 设备规格

具体参数	
分辨率	2 448×2 050
测量体积,单位:mm³	测量场 45:45×38×30 测量场 75:74×62×45 测量场 100:118×98×60 测量场 250:255×211×140 测量场 500:45×38×30
3D 点间距,单位:μm	测量场 45/75/100/250/500 18/30/48/105/196
最快的测量时间,单位:s	1
工作距离,单位:mm	760 测量场 45/75/100/250/500
计算机	可使用台式计算机或笔记本计算机
测头支撑	具备手动旋转/倾斜轴的三脚架或立柱式支架
自动化	自动旋转工作台
零件支撑	COMET 转台、COMET 双轴转台
可用软件	ZEISS colin 3D

（5）设备配置参数（表 3.3）

1）标定板的选用

①标定卡纸与标定板相互配合使用,标定卡纸引导标定板的放置,使扫描仪完成校准操作。

②标定板有两种规格:100 mm 规格标定板和 300 mm 规格标定板。

③标定板根据目标物体的大小而定,目标物体较大,则选用大号标定板;标定卡纸根据选用的扫描镜头而定,标定卡纸需与设置安装的镜头组规格相对应。

表 3.3　设备配置参数

配置参数	
扫描类型	单目式光栅扫描仪
光源类型	高频率 LED 蓝光
光栅类型	数字光栅
更换镜头	快速更换
主机像素	≥500 万
分辨率	2 448×2 050
LED 光源最高寿命	≥20 000 h
校准方式	校正板快速校准
最大传输速度	千兆
供电电压	100~240 V
频率	50~60 Hz
最大电流	5 A
使用环境温度	5~40 ℃
使用环境湿度	80%（±5%）
功率	120 W
质量	≤6 kg
标定板（材质:陶瓷）	CP_P_100:FOV 45/75/100 CP_P_200:FOV 250/300
镜头组(5 组)	45/75/100/250/500

2）镜头组的选用

①镜头组的选用规则:扫描的目标物体的大小不超过镜头扫描范围的 80%。

②选用 45、75 和 100 mm 的镜头时,采用 100 mm 规格的标定板;选用 250 mm 和 500 mm 的镜头时,选用 300 mm 规格的标定板。

（6）ZEISS 扫描仪的性能、优势

1）快速、轻松地获取最佳的测量结果

无须长时间地准备,通过几个简单的步骤,ZEISS COMET L3D 测头就可以投入使用。该扫描仪采用了最新的传感器技术,以及数据采集和数据处理的项目专用软件 colin 3D,可以帮助用户达到高水平的工作效率,并生成高质量的测量数据。由于仅需极小的工作距离,因此其能保证在狭小空间的条件下正常工作。

2）特别设计用于移动和灵活的应用

ZEISS 扫描仪的测头系统不仅非常紧凑,而且质量小,可以轻松地运送到不同的应用现场。经过简单的现场校准,可以确保快速地通过更换镜头改变测量范围。它非常快速和简单,保证系统能够很快为下一个测量任务做好准备。

3）高精密性,适用于要求苛刻的应用

ZEISS 扫描仪能提供出色的数据和高度精确的测量结果。使用 colin 3D 软件,可以生成单独分析的假彩色偏差对比图以及测量结果报告。

4）创新技术

由于 ZEISS 扫描仪测头具有高光强度的摄像头,在不同的地点使用时,可以满足用户的大部分要求。该系统能提供精确的三维数据,即使在恶劣的条件下也能自动识别和显示振动的情况。此外,其巨大的光输出量和非常快的测量速度可以确保在不同的物体表面上进行可靠的数据采集。

（7）ZEISS 扫描仪的应用范围

ZEISS 扫描仪的应用范围包括质量控制与检验,刀具和模具制作,设计,快速制造,逆向工程和考古学等,如图 3.6—图 3.8 所示。

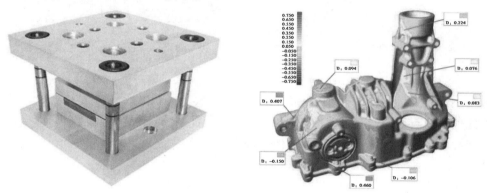

图 3.6　质量控制与检验、刀具和模具制作

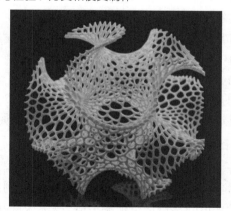

图 3.7　设计、快速制造

图 3.8　逆向工程、考古学

（8）colin 3D 软件和加密狗

colin 3D 软件和加密狗如图 3.9 和图 3.10 所示。

图 3.9　colin 3D 软件　　　　　　　　　　　　　　图 3.10　加密狗

colin 3D 软件特点：

①处理数据兼容主流三维软件。

②支持 Windows7 64 位多处理器操作系统。

③实时显示动态拼接。

④可视化的环境光与振动侦测。

⑤点云、网格显示实时切换。

⑥拼接精度实时显示。

⑦具有特征拼接、转台拼接、标志点拼接和框架点拼接。

⑧群组实时手动拼接、优化。

⑨自动后处理。

⑩自动孔洞填充、标志点填充。

⑪可以进行质量控制、造型设计、逆向工程、原始数据四种模式运算。

（9）设备环境及使用要求

①设备使用地点的最高温度为 40 ℃，最低温度为 5 ℃（无冷凝状况）。

②使用环境无震动、无重加工等相关器具，例如冲床等。

③测量环境的尽量保持恒温恒湿，以确保良好的精度、质量。

④ZEISS COMET L3D 系统是高精度的测量仪器，因此，使用时必须注意精心维护，尤其是在运输和安装过程中，需要特别地小心和谨慎。

3.1.2 ZEISS 扫描仪的使用与软件操作

（1）设备组装

步骤1:安插信号线到扫描头接线处,如图 3.11 所示。

图 3.11 安插信号线

步骤2:安插信号线、USB 数据线和网线到设备交换机处,如图 3.12 所示。
步骤3:打开交换机开关后,若亮起绿灯,即可运行设备,如图 3.13 所示。

图 3.12 设备交换机

图 3.13 打开交换机开关

（2）设备标定

设备标定需配合 colin 3D 软件使用。扫描仪标定是整个扫描系统精度的基础,因此扫描系统在安装完成后,第一次扫描前必须进行标定。另外,以下几种情况也要进行标定:

①对扫描系统进行远途运输。

②对设备硬件进行调整。

③硬件发生碰撞或者严重震动。

④设备长时间不使用。

注意事项:

①标定过程共有9步。标定需严格按照软件提示进行,以保证标定成功。

②标定过程中出现错误时,删除当前的标定步骤重新标定即可。

（3）软件的标定流程

步骤1:双击打开 colin 3D 软件,显示软件界面。

步骤2:根据扫描的目标物体选择对应的镜头组,软件中的设置需与硬件一致,如图3.14所示。

图3.14 选择镜头组

步骤3:在软件中创建一个新项目。

步骤4:确认参数无误后,点击"下一步"。

步骤5:点击"校准校验",进入校准模式。

步骤6:在校准模式下检测测量头的温度,如图3.15所示。

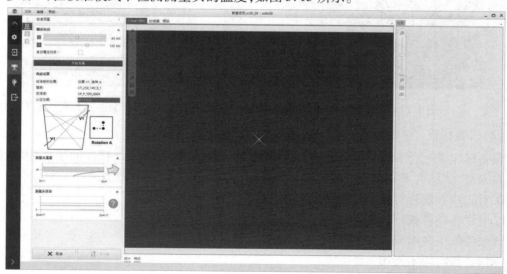

图3.15 检测测量头温度

步骤7:待测量头温度显示0 ℃/min,即可进行校准操作,如图3.16所示。

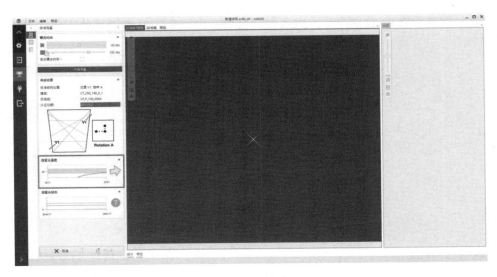

图 3.16 校准

（4）标定的操作

步骤 1：准备一张平稳的桌子，如图 3.17 所示。

步骤 2：插入锁笔，逆时针旋拧打开标定箱，取出标定板和标定卡纸，如图 3.18 所示。

图 3.17 桌子

图 3.18 打开标定箱

步骤 3：放置好标定板以及固定好标定卡纸，如图 3.19 所示。

步骤 4：待晃动消除，测量头状态显示为绿色方可进行下一步操作，如图 3.20 所示。

图 3.19 固定标定卡纸

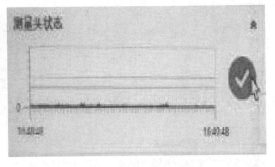

图 3.20 测量头状态

35

步骤 5：调整扫描头，使两个焦点大致聚合投射在由三个大标点围成的三角区域当中，如图 3.21 所示。

图 3.21　调整扫描头

步骤 6：按照软件指示，用标定板完成九步标定操作。

①第一步：将 A 边放至 P1 线。

②第二步：将 B 边放至 P2 线。

③第三步：将 C 边放至 P3 线。

④第四步：将 D 边放至 P4 线。

⑤第五步：将 A 边放至 P5 线。

⑥第六步：将 B 边放至 P6 线。

⑦第七步：将 B 边放至 P7 线。

⑧第八步：将 D 边放至 P8 线。

⑨第九步：将 D 边放至 P9 线。

步骤 7：完成后若显示标定成功，即可对物体进行扫描操作，如图 3.22 所示。

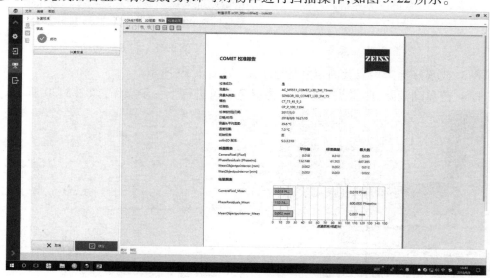

图 3.22　标定成功

(5) 影响扫描精度的因素

1) 主要因素(表 3.4)

表 3.4   影响扫描精度的因素分析

影响项	影响原因
环境	光线强度大,会导致扫描仪扫描物体时光的反射减弱,从而导致扫描点云的精度下降
天气	暴雨、沙尘、台风等恶劣天气下,扫描的点云数据的噪声会大大增加
物体自身	对于黑色或透明的物体,不能直接进行扫描,需要在扫描前喷涂显像剂,否则会出现无法扫描和点云数据残缺的现象

2) 解决方法

① 将扫描仪放置于恒湿恒温的环境中,避免太阳光直射,如图 3.23 所示。

② 对表面高度反光的物体喷涂显像剂,如图 3.24 所示。

喷涂前

喷涂后

图 3.23   恒温恒湿环境   图 3.24   喷涂显像剂处

项目实训

项目名称	认识 ZEISS 扫描仪	学时	2	班级	
姓名		学号		成绩	
实训设备	ZEISS 扫描仪	地点	快速制造中心	日期	
训练任务	使用 ZEISS 扫描仪对硬币进行高精度扫描				

★案例引入:

客户需对一枚硬币进行高精度扫描抄数,那么硬币如何进行扫描抄数呢? 如图所示。

硬币样板图

★训练一:分析以下物品适合使用哪款扫描仪扫描。

文物　　　　　　　汽车模型　　　　　车载吸尘器

★训练二:对 ZEISS 扫描仪进行校准。

要求:①选用 75 mm 标定卡纸和 100 mm 规格标定板。

　　　②需校准成功。

★课外作业:

①思考标定后物体还需要进行哪些处理工作? 如何处理?

②预习下一章节的内容。

★5S 工作:请针对自身清理整顿情况填空。

□ 所使用设备已按要求关机断电。

□ 工具器材已放至指定位置,并按要求摆好。

□ 已整理工作台面,桌椅放置整齐。

□ 已清扫所在场所,无废纸垃圾。

□ 门窗已按要求锁好,熄灯。

□ 已填写物品使用记录。

小组长审核签名:

3.2　扫描前期处理

扫描前期处理

3.2.1　显像剂与标志点的介绍

（1）显像剂的认识

1）显像剂的介绍

本教材以显像剂 DPT-5 为例,显像剂可参阅图 3.25。

DPT-5 着色渗透探伤剂为溶剂型,可水洗,灵敏度高,低氟、氯硫含量,无刺激性气味。DPT-5 型是在 DPT-3 型的基础上,结合日本 MARKTEC 株式会社同类产品的先进技术而研制开发的最新产品。本产品可广泛用于化工、造船、发电、航空、机电、汽车、冶金、石油、铁路、受压容器等部门的检测。

显像剂的作用:对光滑或反光物体进行喷涂乳化,使显像仪器对其发射的射线进行探测。

2）显像剂的具体参数

外观:白色液体。

腐蚀性:LC4-T6 铝合金、MB-2 镁合金、30 CrMo 试块无腐蚀。

密度:(0.83 ± 0.02) g/cm³。

可去除性:易去除。

灵敏度:显示清晰。

润湿度:符合 HB5358.4—1986 附录 A2。

温度稳定性:无。

沉淀性:1 mL。

F 的含量:质量分数不大于 10×10^{-6}。

Cl 的含量:质量分数不大于 20×10^{-6}。

S 的含量:质量分数不大于 50×10^{-6}。

3）显像剂的产品特点

①去除了溶剂中有毒、有害、强刺激气味的有机溶剂成分。

②快速渗透、快速显像,无须等待干燥。

③水、溶剂清洗两用。

④高检测灵敏度。

⑤可检测具有较高要求的不锈钢材质,检测灵敏度($\leqslant 0.5\mu$)。

⑥氟、氯、硫含量低于其他的同类产品,可广泛用于原子能、核等发电设备的检测。

4）显像剂的两大基本功能

①吸附足量的从缺陷中回渗到零件表面的渗透剂。

②通过毛细作用将渗透液在零件表面横向扩展,使缺陷轮廓图形的显示扩大到肉眼可见的程度。

图 3.25　显像剂

5）显像剂的种类

按显像剂种类的不同可分为水悬浮型、溶剂悬浮型、水溶性和干粉四种类型，如图3.26所示。

水悬浮型显像剂　　　溶剂悬浮型显像剂　　水溶性显像剂　　　　干粉显像剂

图3.26　四种显像剂

（2）标志点的认识

1）标志点的介绍

本教材主要以非编码标志点作为讲解范例。非编码标志点可参阅图3.27。

图3.27　非编码标志点

在三维扫描仪扫描测量之前，为了更高效地进行三维扫描的处理，被扫描物通常需要一个预处理步骤，以使测量结果能够精确，能够达到测量要求。这个步骤就是在被测物表面贴标记点（也叫Marker、标定点、标志点）。三维扫描仪标记点是三维扫描过程中的重要标记物，常见形状有圆形、半圆形、编码标志点等不同规格，其中最常用的是圆点型非编码标记点。标记点可以反射设备发出的光线，反射的数据再被传感器接收，然后扫描软件对接收到的数据进行处理。虽然粘贴标记点的过程比较烦琐，但是为了提高精度和图形图像的拼接效率，这种标记点拼接方式目前来讲还是非常实用的。

2）标志点的作用

①粘贴标定点的作用主要是为了减少扫描拼接误差，标定点需粘贴稳固，避免粘贴到棱角特征处。

②扫描测量时逐点测量距离，计算各点的空间位置。

3）标志点的种类、规格

①标志点按种类可分为编码标志点和非编码标志点，如图3.28所示。

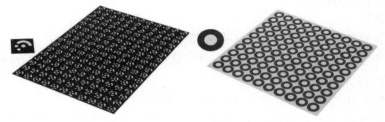

编码标志点　　　　　　　　　　　非编码标志点

图3.28　两种标志点

②以非编码标志点为例,其规格如表3.5所示。

表 3.5　非编码标志点规格表

规格	内圈 0 mm,外圈 2 mm
	内圈 0.8 mm,外圈 2.5 mm
	内圈 1 mm,外圈 3 mm
	内圈 1.5 mm,外圈 3.5 mm
	内圈 2 mm,外圈 4 mm
	内圈 3 mm,外圈 5 mm
	内圈 3 mm,外圈 7 mm
	内圈 5 mm,外圈 10 mm
	内圈 6 mm,外圈 10 mm
	内圈 8 mm,外圈 16 mm
	内圈 10 mm,外圈 20 mm

4)扫描策略的制订

策略一:被扫描工件大小在扫描系统单帧扫描范围内,如图3.29所示。在这种情况下,只需考虑按照一个合适的扫描秩序,保证本次扫描与之前扫描提取出的标志点均有至少3个公共点即可。

策略二:被扫描工件大小超出扫描系统的单帧扫描范围,但不超出2倍(如超出2倍以上,则需与三维摄影扫描系统配套使用)。在这种情况下,第一次扫描应从可得到最多标志点的工件的中部开始,如图3.30所示。

图 3.29　工件大小在单帧扫描范围

图 3.30　工件大小超出单帧扫描范围

策略三:上述两个策略中,标志点均粘贴在工件表面。这两个策略的优点是被扫描工件可以随意移动或转动,但缺点是粘贴标志点处会产生较多的环状空洞(因标志点外围是黑色的,将不会产生扫描数据点)。其实,在实际扫描中,如果工件不易搬动,我们也可以使用辅助装置。例如将被扫描工件放置在转台装置上。标志点可以粘贴在被扫描工件周围的转台表面上,如图3.31所示。这种粘贴方案可以有效地减少工件表面的标志点的数量,使扫描数据尽可能少地产生空洞,但这种策略不允许被扫描工件与转台之间有任何的相位位移,否则会造成拼接误差增大,甚至导致扫描项目失败。

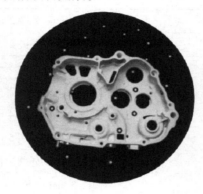

图 3.31　标志点粘贴

3.2.2　显像剂与标志点的使用

(1)显像剂的使用

1)喷涂显像剂所需的工具

所需工具:一次性手套、镊子(图 3.32)。

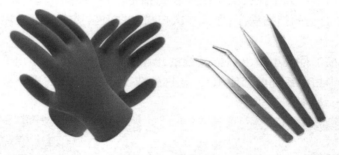

图 3.32　一次性手套、镊子

2)使用方法

①用清洗剂将目标物体表面的污物(浮锈、油脂等)清洗干净,以打开渗透通道。

②用渗透剂对已处理干净的工件表面均匀喷涂,渗透 5 ~ 15 min。

③用清洗剂将工件表面的渗透剂擦洗干净。

④将显像剂充分摇匀后,在距目标物体 150 ~ 200 mm 处均匀喷涂。

⑤喷涂显像剂后,片刻即可观察缺陷。

⑥检查完毕,用清洗剂擦洗目标物体表面以去除显像剂。

步骤流程如图 3.33 所示。

3)使用时的注意事项

①请勿向人体及餐具喷射。

②请勿放在阳光下暴晒。

③使用现场应避免火种。

④误入眼睛及皮肤及时用清水冲洗。

⑤尽可能使用防护手套。

⑥切勿让小孩玩弄以免发生意外。

⑦密闭容器使用,注意通风。

①揭开盖子摇匀　　　　　　②喷嘴距离物体15~20 cm

③按压喷头将显像剂均匀喷涂在物体表面，待风干即可

图 3.33　显像剂使用流程

4)喷涂处理效果

喷涂显像剂时需注意物体表面应喷涂均匀,不能影响模型的特征,以免影响后期的扫描操作。喷除效果如图3.34所示。

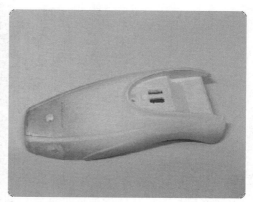

图 3.34　喷涂效果合格、喷涂效果不合格

5)应用范围

对于黑色、透明以及透光物体均需在扫描测量前喷涂显像剂。处理原因可详见表3.6。

表3.6　处理原因分析表

类型	原因	解决方法
黑色物体	ZEISS扫描仪是蓝光扫描仪,而黑色物体无法反射信号得出物体的特征,所以黑色物体无法直接进行扫描操作	外表面喷涂显像剂
透明、透光物体	因为透明物体会透光,且其无法对光进行反射得出物体的特征,所以透明物体无法直接进行扫描操作	外表面喷涂显像剂

（2）标志点的使用

1）使用方法（图3.35）

①根据扫描的目标物体的大小选择相应规格的标志点。

②从卷带上撕下标志点直接粘贴在物体对应处。

①选择相应规格的标志点

②撕下标志点粘贴在物体对应处

③标志点粘贴完成

图3.35　标志点粘贴步骤

2）标志点去除

使用完成后只需从物体表面撕下标志点即可。

3）使用时的注意事项

①标志点要尽量贴在工件的平面区域或曲率较小的曲面,且距离工件边界较远一些。

②标志点不要贴在一条直线上,尽量不对称粘贴。

③公共标志点至少有 3 个。由于图像质量、扫描角度等多方面原因,有些标志点不能正确识别,因而建议用尽可能多的标志点,一般 5~7 个为宜。

④标志点应使相机能以尽可能多的角度同时看到。

⑤粘贴的标志点要保证扫描策略的顺利实施,并使标志点在长度、宽度、高度方向上合理分布。

4)标志点粘贴示意图(图 3.36、图 3.37)

图 3.36 错误粘贴方式　　　　图 3.37 正确粘贴方式

5)标志点应用对象

标志点适用于回旋物体以及大尺寸工件如图 3.38 所示。使用原因见表 3.7。

图 3.38 回旋物体、大尺寸件

表 3.7 标志点使用原因分析表

类型	原因	解决方法
回旋物体	因为回旋物体公共特征拼接处较少,所以难以进行扫描拼接操作,需要在物体表面贴上标定点以起到拼接作用	在需拼接的位置贴标定点
大尺寸工件	因为大尺寸的工件超过了扫描仪的扫描幅面,无法扫描完全,所以需要在物件表面贴上标定点以起到拼接作用	在需拼接的位置贴标定点

项目实训

项目名称	扫描前期处理	学时	2	班级	
姓名		学号		成绩	
实训设备	ZEISS 扫描仪	地点	快速制造中心	日期	
训练任务	对扫描的工件及数据进行处理				

★案例引入：

　　为了提高效率，客户要求使用 ZEISS 扫描仪对公司的产品进行扫描的前期处理。扫描硬币点云图。

★训练一：对"一元硬币"进行扫描的前期处理。

要求：①喷涂显像剂需均匀。

　　　②标志点粘贴合理。

★训练二：对"一元硬币"进行扫描操作。

要求：①扫描特征完全。

　　　②拼接完成后删除多余的噪声。

　　　③对点云数据进行封装处理。

　　　④对模型进行对齐摆正。

★课外作业：

①思考扫描的点云数据如何进行逆向建模？逆向建模使用哪些软件？

②使用 ZEISS 扫描仪对"陶瓷鱼"模型进行扫描。

③预习下一章节的内容。

★5S 工作：请针对自身清理整顿情况填空。

□ 所使用设备已按要求关机断电。

□ 工具器材已放至指定位置，并按要求摆好。

□ 已整理工作台面，桌椅放置整齐。

□ 已清扫所在场所，无废纸垃圾。

□ 门窗已按要求锁好，熄灯。

□ 已填写物品使用记录。

小组长审核签名：

逆向设计

3.3　逆向设计

3.3.1　认识 Geomagic Design X 软件

（1）软件简介

Geomagic Design X 为 3D Systems 公司旗下的产品。该软件提供了新一代的运算模式,可实时将点云数据运算出无缝连接的多边形曲面,使它成为 3D Scan 后处理的最佳化接口。该软件拥有强大的点云处理能力和正向建模能力,可以与其他三维软件无缝衔接,适用于工业零部件的逆向建模工作。以 Geomagic Design X 2016 作为讲解案例,Geoamgic Design X 2016 版本的用户界面跟 2015 版本相比有很大的变化,它更趋向目前大众化建模软件的界面,该用户界面对于初学者来说更直观,更方便,如图 3.39 所示。它由快速访问工具栏、菜单、工具面板、工具栏、工具条、特征树、模型树、模型视图窗口、Accuracy Analyzer(TM)等组成。用户界面窗口和工具栏可以修改,可以使它们常显示或在工具栏区域点击鼠标右键动态显示。

该软件的特点如下:

①专业的参数化逆向建模软件。

②基于历史树的 CAD 建模。

③基于特征的 CAD 数模与通用的 CAD 软件兼容。

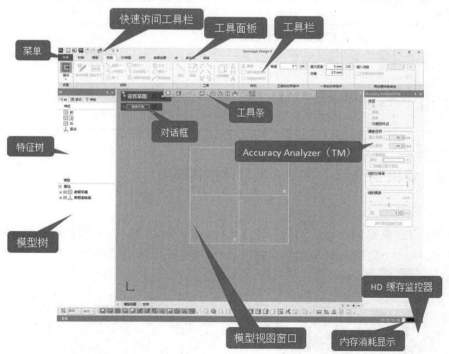

图 3.39　Geomagic Design X 软件界面

（2）软件的基本操作

左键:选择。

右键:旋转。

鼠标滚轮:缩放。

Ctrl + 右键:移动。

（3）工作流程

对产品实物样件的表面进行数字化处理（数据采集、数据处理），并利用可实现逆向三维造型设计的软件来重新构造实物的三维 CAD 模型（曲面模型重构），之后用 CAD/CAE/CAM 系统实现分析、再设计、数控编程、数控加工的过程。工作流程图如图 3.40 所示。

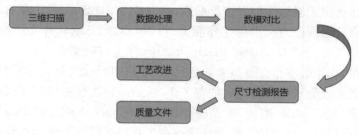

图 3.40　工作流程

（4）技术特点

建模分析技术对比分析见表 3.8。

表 3.8　建模技术对比分析表

技术	优点	缺点
逆向设计	①能够直观地看到产品效果 ②产品设计周期短 ③设计的产品还原度高	①投入相对较大 ②后期不易修改
正向设计	①设计方案修改方便 ②产品开发成本低	①产品开发周期长 ②风险具有不可预期性

3.3.2　使用 Geomagic Design X 软件重构模型

（1）模型的重构

利用3D扫描数据的. wrp 三维点，经过 Geomagic Wrap 转化为. STL 文件格式的三角面片，之后经过 Geomagic Design X 曲面建模得到. STP 实体数据，参阅图 3.41。

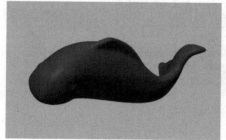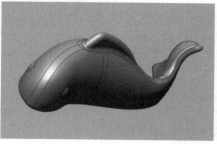

图 3.41　网格面片(. STL)、 实体数据(. STP)

1)导入处理完的 STL 数据

点击"插入"→"导入",导入.STL 文件,如图 3.42 所示。

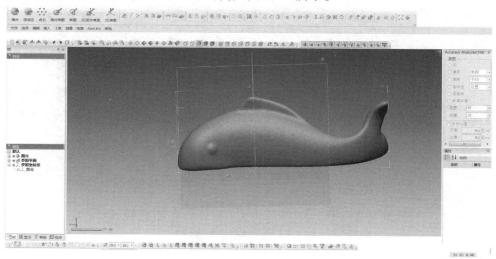

图 3.42　导入文件

2)构建面片

分析模型,首先需要去除"眼睛"部分的特征,构建整体的大面。具体操作为:点击工具栏
 (面片),然后点击 (删除特征),如图 3.43 所示。

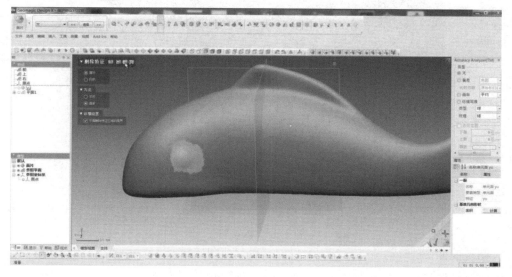

图 3.43　将模型中的小特征去除

3)构建曲面线

点击工具栏的 (3D 面片草图),选择 (断面)和 (样条)构建出曲面的轮廓线。
选择 (分割),把轮廓线进行分段,如图 3.44 所示。

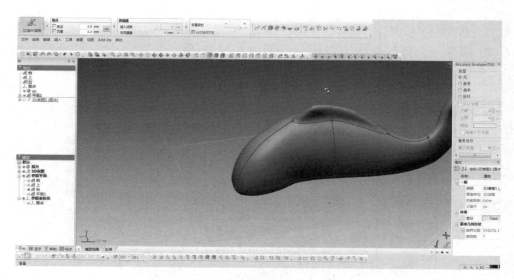

图 3.44　构建曲面轮廓线

4）拟合曲面

点击 ![icon](境界拟合），对轮廓曲线进行曲面的构建，如图 3.45 所示。

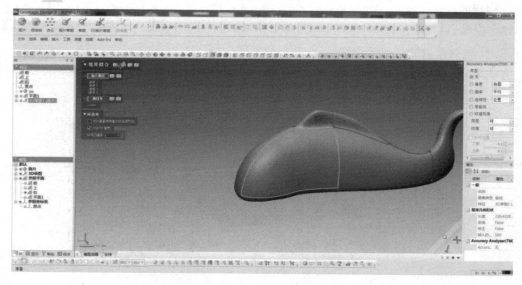

图 3.45　构建曲面

5）创建曲面

使用 ![icon](境界拟合），把所有轮廓线的曲面创建出来。最后使用 ![icon]（缝合）进行面片的合并，如图 3.46 所示。

图 3.46　缝合创建的曲面

6）修剪曲面

曲面过渡不光顺,需用 绘制曲线,之后点击 ,接着使用 把曲面过渡不光顺的地方剪切去除,然后重新填补,如图 3.47 所示。

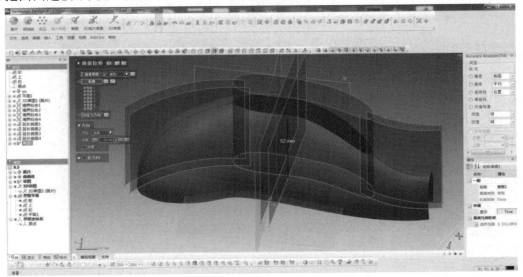

图 3.47　剪切曲面

7）编辑曲面

点击 ,使用 构线,然后通过 相切约束,如图3.48所示。

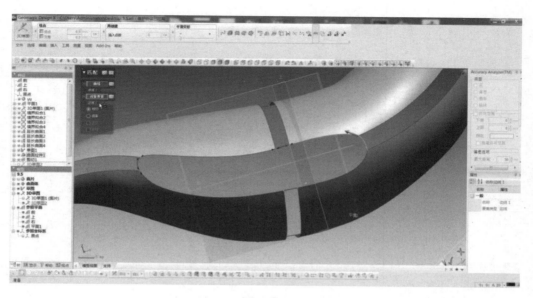

图 3.48　构建填补面的轮廓线

8)面填补

构线完成后使用 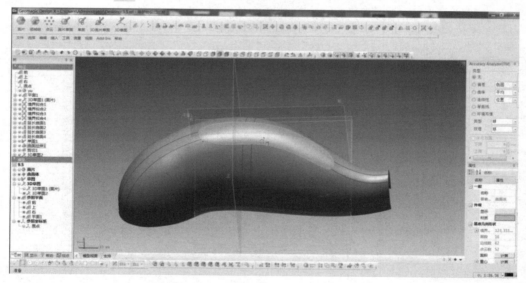（面填补）命令创建曲面,如图 3.49 所示。

图 3.49　构建填补的面

9)自由特征曲面创建(领域组)

点击（领域组）,点亮（油漆）,按住鼠标左键涂抹需分割的区域。涂抹完成后退出领域组命令,点击（面片拟合）创建曲面,如图 3.50 所示。

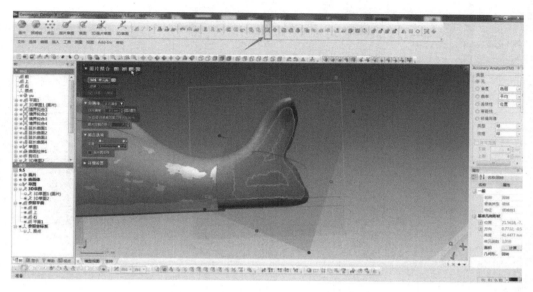

图3.50　尾部创建领域组

10) 自由曲面编辑

① 构建曲线

用于之前同样的方法,剪切过渡不光顺的曲面,然后构线填补曲面,如图3.51所示。

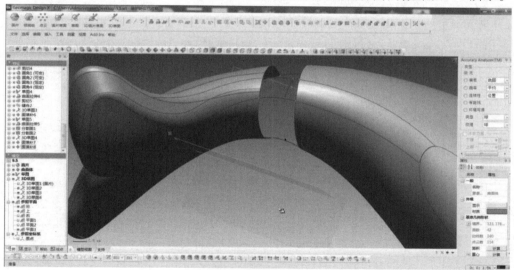

图3.51　曲面相接处构线

② 构建曲面

使用 ◈（面填补）,以轮廓线构建曲面,如图3.52所示。

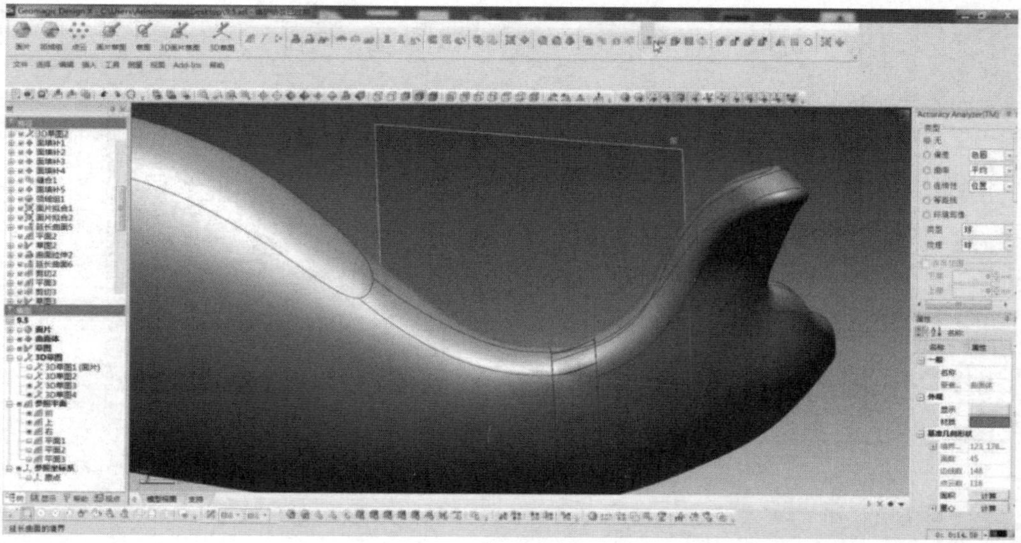

图3.52　使用“面填补”命令创建曲面

11)缝合曲面

点击 (缝合),合并所创建的曲面,如图3.53所示。

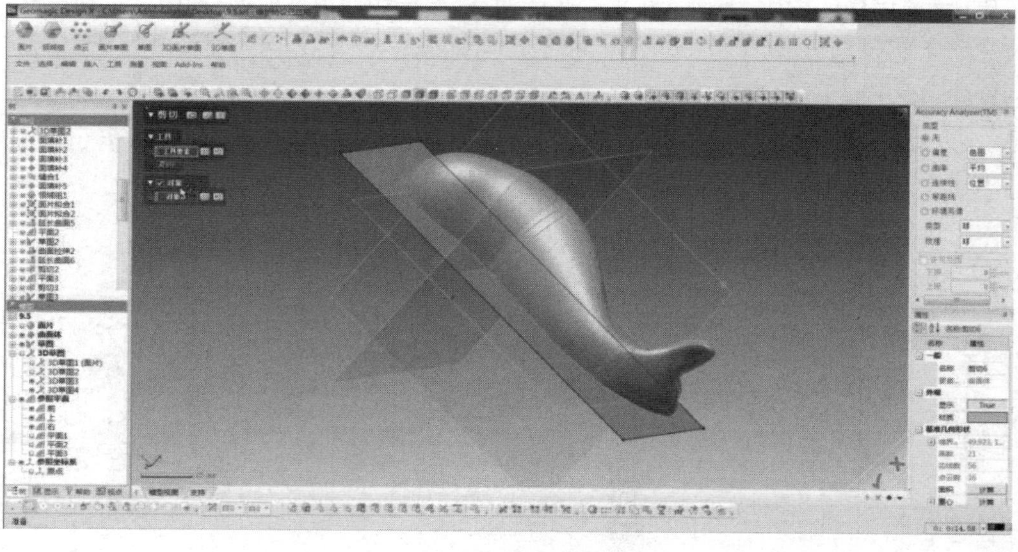

图3.53　缝合曲面

12)小特征创建

①“鱼鳍”构建

点击 (草图),根据鱼鳍特征构建轮廓线,通过 (实体拉伸)创建“鱼鳍”的大体,接着 (拔模)。同样参考面片特征构线,通过 (曲面拉伸)为片体,使用 (剪切)曲面修剪实体,如图3.54和图3.55所示。

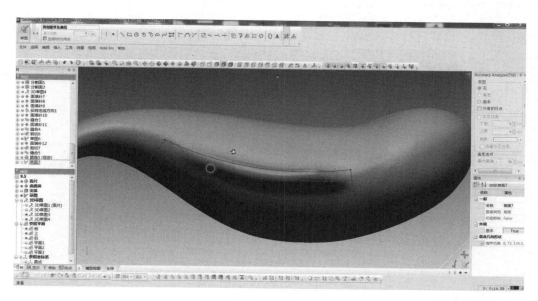

图 3.54　创建特征曲线

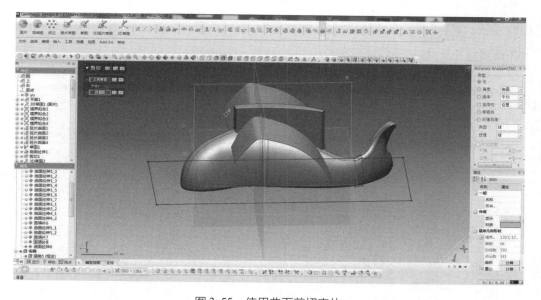

图 3.55　使用曲面剪切实体

特征创建完成后,点击 ▦(布尔运算)进行求和,点击 ▦(倒圆角)对"鱼鳍"部位进行倒圆角处理,如图 3.56 所示。

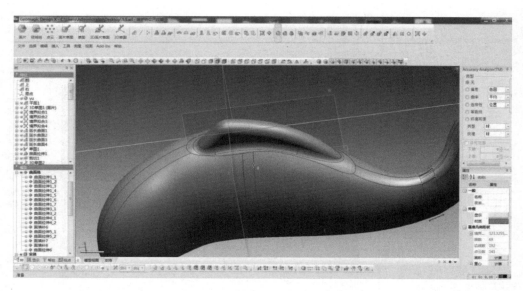

图 3.56 "鱼鳍"部位创建完成

②"眼部"构建

点击 （领域组），对需分割的部位进行涂抹。退出命令后，点击 （几何形状），选择创建形状为"球体" ，最终通过 （布尔运算）对特征进行求和并进行 （倒圆角）处理。

③模型建模完成

模型建模完成后即可导出所需的文件格式，如图 3.57 所示。

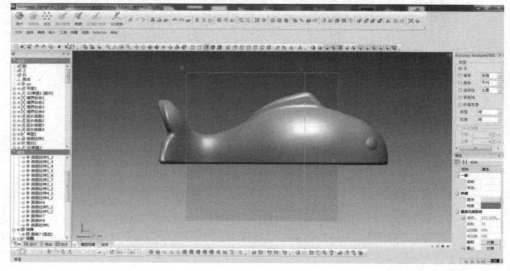

图 3.57 模型建模完成

（2）输出文件

步骤 1：选择"文件"选项，点击其中的"输出"选项。

步骤 2：选择需导出的模型，确认后点击"√"，如图 3.58 所示。

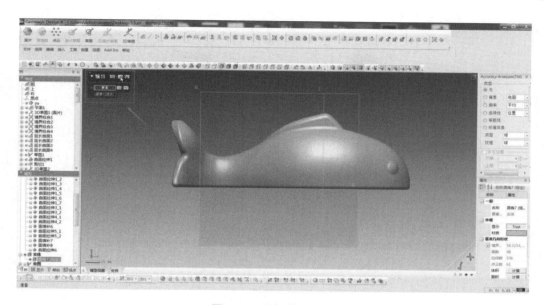

图3.58 选择输出对象

步骤3:输入文件名以及保存路径,选取所需要的文件格式后,点击"保存"即可完成文件的导出。

项目实训

项目名称	逆向设计	学时	2	班级	
姓名		学号		成绩	
实训设备	ZEISS 扫描仪	地点	快速制造中心	日期	
训练任务	使用 Geomagic Design X 软件对扫描工件进行逆向建模				

★案例引入：

　　通过点云的封装处理，可开始进行模型的逆向设计，那么操作流程以及具体操作方法是怎样呢？

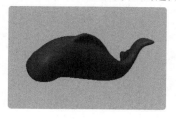

网格面片(.STL)

实体数据(.STP)

★训练一：以处理好的"陶瓷鱼"的网格数据行逆向设计。

要求：①曲面光顺。

　　　②拟合程度高。

★训练二：导出逆向设计完成的文件，并统一命名为"9.5"。

要求：①导出.STP 格式文件。

　　　②导出.STL 格式文件。

★课外作业：

①试以身边的模型，使用 ZEISS 扫描仪扫描模型以及进行逆向设计。

②预习下一章节内容。

★5S 工作：请针对自身清理整顿情况填空。

□ 所使用的计算机已按要求关机。

□ 已整理工作台面，桌椅放置整齐。

□ 已清扫所在场所，无废纸垃圾。

□ 门窗已按要求锁好，熄灯。

□ 已填写物品使用记录。

小组长审核签名：

3.4 数据检测分析

3.4.1 认识 Geomagic Control X 软件

（1）计算机辅助检测技术的介绍

1）概述

自 20 世纪 70 年代以来，计算机被应用到工程领域，就在这一时期计算机辅助工程技术获得了迅猛的发展。在机械工程领域，计算机辅助工程在设计、加工分析检测以及制造过程管理等方面获得了广泛的应用，形成了一系列的新兴学科，如计算机辅助设计（CAD）、计算机辅助制造（CAM）、计算机辅助分析（CAE）、计算机辅助检测（CAI）和产品数据管理（PDM）等。

计算机辅助检测技术作为提高产品质量的重要手段，也日渐成为一门独立的学科并获得迅速的发展。在工业应用上，各种计算机辅助检测工艺及系统不断地推陈出新。除了传统的三坐标测量机外，还发展起来许多新的检测工艺，如激光扫描测量、影像测量、CT 扫描等。检测设备除了传统的台式外，还有关节臂式、手持式等多种形式。

计算机辅助检测是在检测过程中涉及检测理论测量设备、计算机技术、控制及软件技术等综合应用而发展起来的一项新兴技术。一般是指通过采用高效率的三维扫描设备，最大限度地采集工件表面的三维数据，并将此数据与实物的 CAD 模型进行比对，从而获得信息丰富全面的公差彩图检测结果，以方便地得出工件的超差情况。依据分析结果，可以通过改进产品的制造工艺或设计方案的方法来提高工件的加工质量，降低工件的报废率、提高生产效率、减少资源浪费，从而获得更好的经济效益。因此，其操作步骤一般可归纳为三步：①实物模型的数字化；②模型对齐；③比较分析。

计算机辅助检测技术是一项具有广泛应用前景的新兴技术，对检测手段的柔性化、自动化具有重要意义。其特点是测量精度高、柔性好、效率高，尤其是对复杂零件的检测，更是传统的测量方法所无法比拟的。

2）计算机辅助检测技术的作用

长期以来，由于制造水平的限制和工艺的不发达，在各行各业中通常使用通用量具和专用检具作为主要的检验手段。譬如使用游标卡尺、螺旋测微器等量具对一些简单的零部件进行手工的尺寸测量，使用专用检具对特定领域的复杂零部件进行检测（图 3.59）。这些检测手段存在着诸多弊端，具体如下：

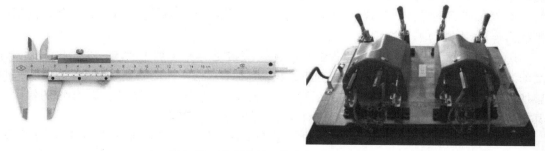

图 3.59 游标卡尺、汽车保险杠检具

成本高。如今的人们对个性化的追求日趋强烈,因此涌现出零件的单件或小批量生产的浪潮,出现了大量的自由曲面,以确保零件的外观形状各异,满足人们的个性化需求。不规则曲面的大量出现致使相应检具的加工、制作需要大量的人力及物力,实际生产难以跟上复杂、多变的生产需求。

不准确性。使用传统检具所测得的结果会过多地受人为因素的影响,特别是对自由曲面的检测。在实际操作中,检具检测只是控制参数曲面上若干个截面曲线的形状误差的,因此检测出来的结果难以科学、直观地进行定量表达。而这将直接影响到零部件的装配、安装及使用等,也会给产品的质量带来不确定性。

不具有通用性。手工操作的检具的检测难以与其他的计算机辅助技术进行数据的流通,也很难与自动控制系统、质量管理系统等进行信息交流。这将不利于生产过程的机械化、自动化及柔性化。

与传统的检测技术相比,计算机辅助检测技术具有效率高、适用性好等优点,可以有效地减轻操作者的劳动强度,提高生产效率。因此在现代制造业中,计算机辅助检测技术的重要地位日趋突出。计算机辅助检测技术的应用十分广泛,主要有医学检测、工业检测等。从应用功能上进行综合考虑,计算机辅助检测技术主要有质量控制和逆向工程两方面的应用。

①在质量控制方面的应用

在工业生产中,计算机辅助检测技术主要用于几何量的检测。在质量控制方面,特别是在机械行业中,产品质量的高低与其几何量的精度是密切相关的,几何量的检测成为机械产品质量的可靠保证。

几何偏差主要来自工件的设计制造过程。随着科学技术的发展和制造水平的提高,人们对零件精度的要求也越来越高,且在零件造型上涌现出了大量的形状复杂的自由曲面,这些都在极大地考验着传统的检具。相对传统的检测量具而言,三坐标测量机的出现已促使检测技术向前迈进了一大步。但对接触式的测量机而言,还存在着对一些软、脆、易变形的物体不易检测,需要对测头半径进行补偿等缺点,导致它难以对形状复杂的零件进行准确、全面的检测。依托光学测量和图像处理技术发展起来的计算机辅助检测技术,凭借其检测结果的准确性和可数字化、检测的高效率,可以实现对产品质量的全程跟踪并可同其他的计算机辅助技术进行数据的集成,还可以满足工业生产对几何量检测的要求。这是传统的检测方法所无法比拟的。

计算机辅助检测技术主要通过分析加工后的零件的几何形体的尺寸、形状和位置精度等的实际值与设计要求的理论值相符的程度,来实现对零件质量的检测。在机械产品中,通过这种技术对几何量进行检测,可以达到以下几点要求:

A.对加工后的零件做出合格/不合格的判断。只要测量得到的几何参数在公差范围内,则认为合格,否则为不合格。

B.在加工过程中,可以检测零件的尺寸、形状等是否达到了加工要求。通过检测,了解产品的质量情况,并对其生产过程进行分析,寻找产生不合格产品的根源,采取有效措施,如调整加工工艺系统,来防止不合格产品的产生。这对保证加工质量可起到主动、积极的作用,尤其在自动生产线上,通过此技术可实现对零件的在线检测。

所谓的在线测量即是在加工前,通过测量来检查工件是否被正确安装、模具状况是否正常等,在加工过程中也需对整条生产线中不同工序和位进行适时的检测,从而对整条生产线形成较全面的控制检测。例如对工业领域中广泛使用的钣金冲压件进行几何尺寸的测量时，要求速度快且精度高，对于冲压件的在线检测，使用检具等传统的检测手段，由于操作耗时、费力，不能满足产品现场检测的要求。因此冲压件的现场检测，目前应用最为普遍的是目测，但利用目测只能判断冲压件产品是否存在明显的质量问题，如表面受破坏、变形严重等。在对冲压件产品精度要求比较高的情况下，如飞机、高档汽车等需对产品进行准确的形位误差的判断，此时目测就无能为力了。

借助计算机辅助检测技术进行冲压件产品的在线检测，可以快速、全面地得出产品的形位误差。相关人员通过分析检测到的数据结果，可将其与其他的计算机辅助检测技术进行数据的集成，从而及时完善产品的设计、制造加工工艺等一系列流程。

②在逆向工程中的应用

逆向工程（Reverse Engineering，RE）是指将产品原型转化为数字化模型，在原有产品数字化模型的基础上进行改进或创新，从而实现新产品开发的过程，其实施的前提是必须要有准确反映产品特征的点数据，而这需要用一定的测量手段对实物或模型进行测量，而后把测量数据通过三维几何建模的方法进行重构，以获得数字化模型。

如今逆向工程技术已贯穿于产品开发的整个流程，无论是对已有产品进行再开发，还是直接进行产品的原创开发。在对已有产品进行再开发时，先利用先进的三维扫描设备对原产品中的曲线、曲面等特征进行测量，从中提取出产品表面的三维坐标点数据，再利用 CAD 逆向技术得到产品的 CAD 模型，通过对原产品的设计制造过程和意图的理解，在 CAD 模型上进行改进或创新，进而利用 CAM 系统将新产品制造出来，其流程如图 3.60 所示。

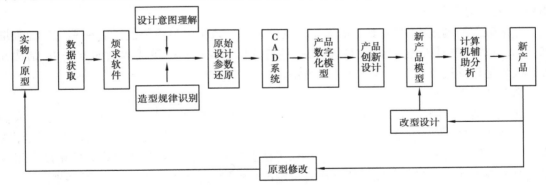

图 3.60　逆向工程技术流程

由于逆向工程技术在新产品开发中起到了十分重要的作用，因此自 20 世纪 90 年代以来，有关它的研究越来越多，应用也日趋广泛。目前逆向工程技术已成为一个相对独立的研究领域，并与各种计算机辅助技术如 CAD/CAM/CAE/CAI/RP 等紧密相连，成为现代机械设计和加工检测中不可缺少的一部分。

进行原创开发时，一般不会将首次设计好的图样直接转化为产品，而是先做样品或模型，再对做出的样品或模型进行修改直至符合要求，但修改后的结果肯定与首次设计使用的 CAD 数据不一样，这就需要去获取变化后的数据并与原数据进行比较，根据得出的改变量来进行修改。借用先进的三维扫描设备，可以快速地获得修改后的最新数据，通过相关的计算机辅助检测软件测出修改前后的数据的变化量，将这些数据与其他的计算机辅助技术进行适时的交互，就可以很快地制造出满足要求的产品。

因此可以说,逆向工程与计算机辅助检测技术是紧密联系在一起的。计算机辅助检测技术是逆向工程技术实施的前提,逆向工程技术的发展也在一定程度上促使着计算机辅助检测技术的发展。计算机辅助检测技术不仅在产品设计中有着重要的作用,随着 CAD/CAM 等计算机辅助技术的发展,它在工艺设计、模具设计、模具制造及对破损零件进行修复等方面也有着广泛的应用前景。

3)计算机辅助检测技术实施的软、硬件条件

随着工业生产的发展和制造技术的提高,检测的覆盖范围也越来越宽,人们对检测手段的硬件和软件都提出了越来越高的要求。高品质的产品不仅需要高质量的加工,还得依靠于所用的测量系统的性能,而一般地一个测量系统性能的保证必须由其硬件和软件来支撑。因此,下面分别对计算机辅助检测技术中主要依靠的测量系统的硬件和软件条件进行说明。

①硬件条件

准确并快速地将三维实体模型数字化是计算机辅助检测技术最基本的要求。因此,根据不同的产品要求选择合适的测量方法是至关重要的。从测量测头是否和零件表面接触的角度来看,坐标的测量方法分为接触式测量和非接触式测量。

接触式测量是指在测量过程中测量工具与被测工件表面直接接触而获得测点位置信息的测量方法。目前常用的接触式测量的方法包括:三坐标测量机(Coordinate Measurement Machine,CMM)、关节臂式测量机等。

非接触式测量是指在测量过程中测量工具与被测工件表面不发生直接接触面获得测点位置信息的测量方法,目前常用的非接触测量方法包括:激光扫描法、结构光法、图像分析法和基于声波、磁学的方法等。

在接触式的测量方法中,其检测系统的硬件为测量系统中最重要的代表——三坐标测量机,而关节臂式测量机是三坐标测量机的一种特殊机型。在非接触式测量的方法中,结构光法被认为是目前最成熟的三维形状测量方法。

②软件条件

计算机辅助检测的精度不仅取决于硬件的精度,还取决于软件系统的精度。过去,人们一直认为精度高、速度快完全由测量系统的硬件部分(如测量机的机械结构、控制系统、测头等)决定,实际上,随着误差补偿技术的发展,算法及控制软件的改进,测量系统的精度在很大程度上依赖于软件。测量系统的软件成为决定测量性能的主要因素已成为一种共识。

如今,软件技术日益成为测量系统的核心。原因主要有以下几点:

A. 软件拥有数据功能。几何物体都是由空间点集合而成的,而坐标测量系统归根结底仅是获取那些空间点的坐标值的设备。因此,要想利用测量系统得到理想的检测结果,借用相关的软件技术是相当有必要的。只有用软件对获取到的空间点进行处理、计算,才能给出被测物体的位置、尺寸、形状等相关信息,而且也可进行测头、温度、几何量误差的补偿等操作。

B. 测量类软件是测量设备与其他外设设备及系统的沟通桥梁。随着数字技术、CAD 技术的发展和广泛应用,以及坐标测量技术与软件技术的日益紧密地结合,测量系统的用途日趋强大,它不再仅是单一的保证质量的测量设备,还能被广泛用于逆向设计、生产检测、信息统计、反馈信息等多种用途的,成为设计、工艺、制造和检测环节中不可缺少的中间设备。

作为计算机辅助检测技术所需的软件,它至少应具备以下三个最基本的功能:①能够读入扫描数据(格式为 ASCII、STL、VDA 及 IGES 等);②对扫描数据进行处理,并与 CAD 模型拼

合在一起;③能够检查和分析误差并生成图形报告。其中数据处理功能是此类软件系统的核心功能,此功能包括了点云的精简、基本特征元素的构建及拼合等操作。在对扫描的数据处理完成后便可运用精度测量功能实现形状误差检测、位置误差检测等,并将其以图表的形式反馈至操作者。结果输出功能用于实时显示、结果打印等,以便实现操作者与设备的交互。

从软件的功能要求出发,可将测量类软件分为以下两种:通用测量软件和专用测量软件。其中通用测量软件是坐标测量系统中必备的基本配置软件。它负责完成整个测量系统的管理,包括探针校正、坐标系的建立与转换、输入输出管理、基本几何要素的尺寸与几何公差(如直线度、平面度、圆度、圆柱度、线轮廓度、面轮廓度、平行度、垂直度、倾斜度、位置度、同轴(心)度、对称度、圆跳动、全跳动)评价以及元素构成等基本功能。专用测量软件则是针对某种具有特定用途的零部件的测量问题而开发的软件。如:齿轮螺纹、自由曲线和自由曲面等。一般还有一些附属的软件模块,如:统计分析、误差检测、补偿、CAD模块等。

(2)Geomagic Control X 软件

1)概述

Geomagic Control X 是一款功能全面的计量软件平台,集结了多种业内最强的工具与简单明确的工作流。通过 Geomagic Control X,质量管理员可以易用、直观、全面地进行革命性的控制,并可开启可跟踪、可重复的工作流程以进行质量的检测。其快速、精确、信息丰富的报告和分析可以显著地提高生产效率和质量水平。Geomagic Control X(原 Geomagic Qualify)是全面、强大和精确的三维计量解决方案的自动化平台。Geomagic Control X 利用一系列的计量工具,针对检测测量和质量验证的流程,如硬测头和非接触式扫描获取数据,使制造商能显著节约时间并提高精度,同时还具备轻松地对复杂任务进行自动化处理的能力。形位公差、硬测和方位检查功能能够加快零件的测量速度并提高其准确度,而且 Geomagic Control X 还可以智能地创建三维的 PDF 报告。

2)软件的功能

①自动扫描处理。

②偏差位置。

③叶片分析。

④多种对齐检测。

⑤输出对比检测分析报告。

⑥增强的用户界面/用户体验。

⑦增强扫描和导入功能。

⑧工作流驱动进程,逐步检测,大幅度提高生产率。

⑨CAD 感知尺寸,PMI 支持和全面的 GD&T 标注。

⑩多种结果分析。

3)软件的特点

①通过三维扫描仪、数字化仪和硬测设备采集点和多边形的数据。

②内置 CAD 导入接口 CATIA、UG、SolidWorks 和 Creo Elements(前身为 Pro/ENGINEER),并全面支持行业通用格式。

③将实物件与 CAD 模型或数次扫描均值比对。

④综合注释、尺寸标注、GD&T 以及测量分析,树状图与现有数据的比对。

⑤输出详细的检测报告、多视图数字检测数据、注释和结论。

4)模型检测的作用(表3.9)

表3.9 模型检测的作用

意义	过程
改善产品结构	通过CAE分析,可发现产品某些部位的成型角度是否符合产品成型的条件,减少产品的设计缺陷,改善产品结构
改善模具结构	可发现设计的模具的大体结构、分模线的位置是否符合产品成型的条件,从而优化模具结构
减少修模次数,缩短模具制造周期,降低生产成本	改善产品结构、改善产品成型工艺、预估产品成型的具体情况,减少修模次数

5)工作流程

①输入(图3.61)

直接与扫描仪集成;预计划的检测程序;逐步检测工具;自动化扫描。

图3.61 扫描工件

②检查(图3.62)

CAD识别尺寸测量和GD&T;根本原因分析和跟踪;多项结果分析;同步检测;工作流驱动的检测过程。

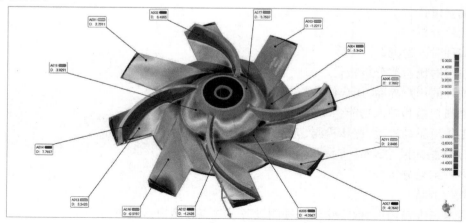

图3.62 工件检查与分析

③报告和趋势分析

视点驱动的报告(图3.63);可自定义模版。

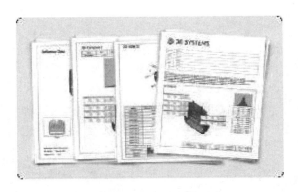

图 3.63 输出数据对比报告

6）常用的模型检测软件（表 3.10）

表 3.10 检测软件特点对比表

软件	特点
Geomagic Control X	支持所有行业标准的硬件设备；为专业人士量身打造易学易用的用户界面；工作流驱动进程；同步检测实现检测与自动化；自定义报告，使用灵活
Ansys	分为三个部分：前处理模块，分析计算模块和后处理模块。具有结构分析、流体动力学分析（可模拟多种物理介质的相互作用）灵敏度分析及优化分析的能力
Moldflow	零件及工艺的优化；三维树脂传递成型；实现在线计算；软件内编辑几何体

3.4.2 Geomagic Control X 软件的基本操作

（1）鼠标操作

鼠标按键用法如图 3.64 所示。

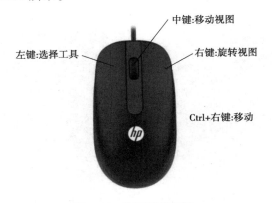

图 3.64 鼠标按键用法

（2）软件应用

Geomagic Control X 软件的界面如图 3.65 所示。

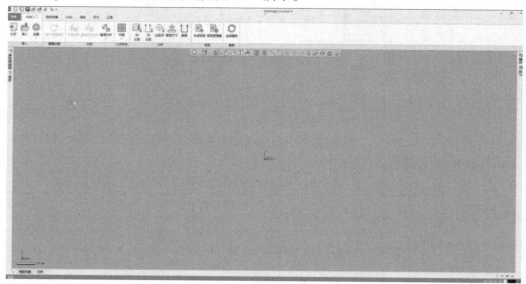

图 3.65　软件界面

1）模型的检测分析

步骤 1：导入参考数据和测试数据。

点击"导入"，首先导入参考数据，然后导入测试数据。

2）3D 比较

步骤 2：首先分析模型的整体情况，点击 （3D 比较）进行三维立体的对比，见图 3.66。

"3D 比较"着色显示模型能够直观反映出测试数据与参考数据的整体偏差情况。

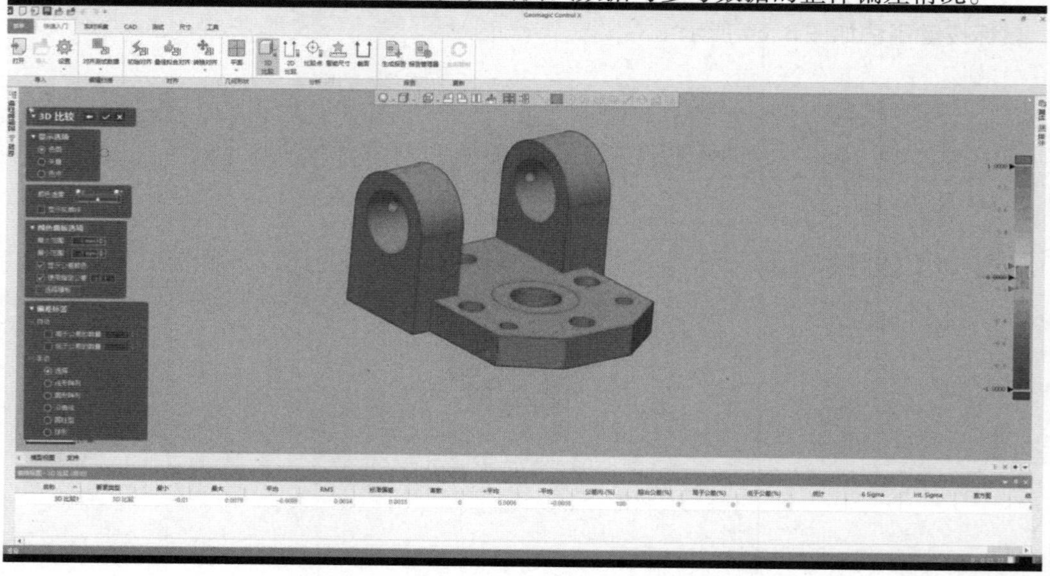

图 3.66　3D 比较

3)2D 比较

步骤 3:2D 比较可以直观对比截面草图的尺寸。

点击工具栏的 ⬛ (2D 比较),此时需选择一平面作为截面,将其转化为 2D 平面图以进行尺寸的测量,如图 3.67 和图 3.68 所示。

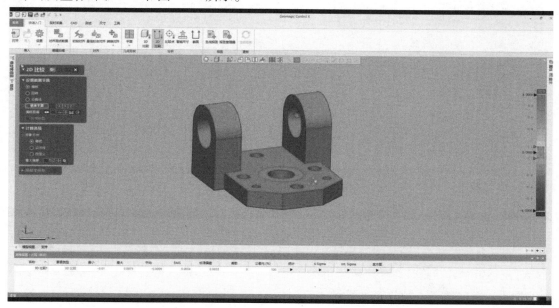

图 3.67　2D 比较

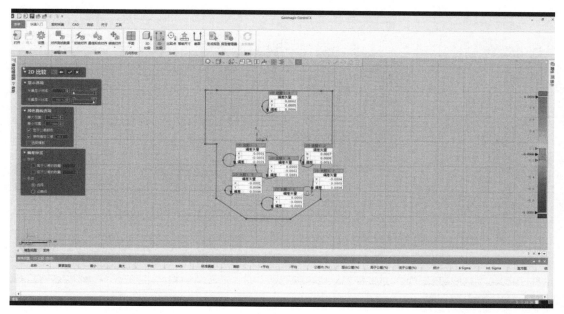

(a)

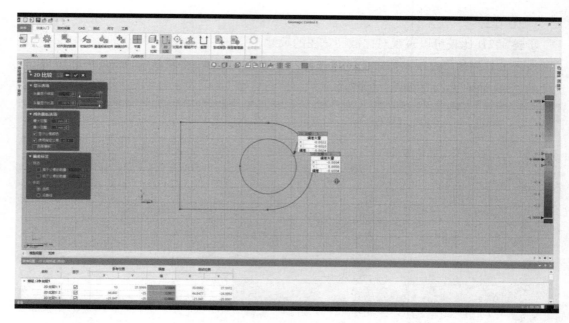

（b）

图 3.68　2D 草图的尺寸分析

4）比较点

步骤 4：通过选择点的位置进行对比。

点击 （比较点），选择模型的任意一点进行比较与分析，如图 3.69 所示。

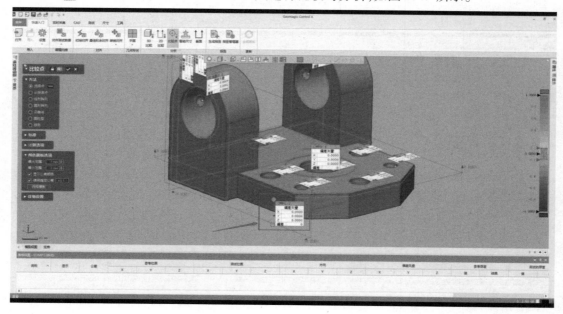

图 3.69　比较点

5）形位公差（直线度、平面度、圆度、圆柱度、圆心度）

①直线度：点击"尺寸"，选择 （直线度），选择模型上的两点来确定直线，如图 3.70 所示。

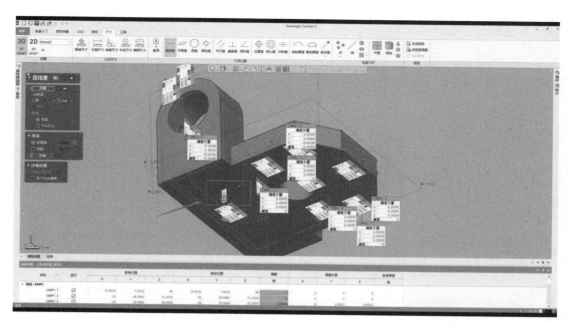

图3.70 直线度分析

②平面度:点击"尺寸",选择 ▱（平面度），左键点选模型的平面,如图3.71所示。

图3.71 平面度分析

③圆度:点击"尺寸",选择 ○（圆度），捕捉到模型上的圆特征,点击即可,如图3.72所示。

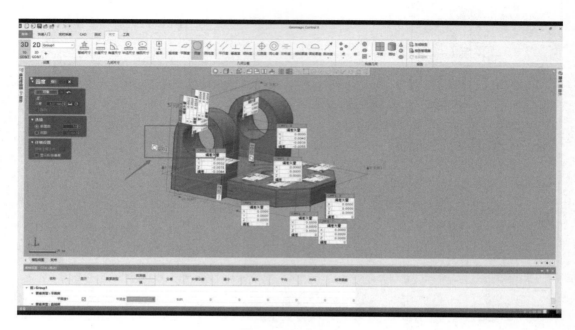

图 3.72　圆度分析

④圆柱度：点击"尺寸"，选择 （圆柱度），捕捉到模型上的圆孔或阶梯孔点击即可，如图 3.73 所示。

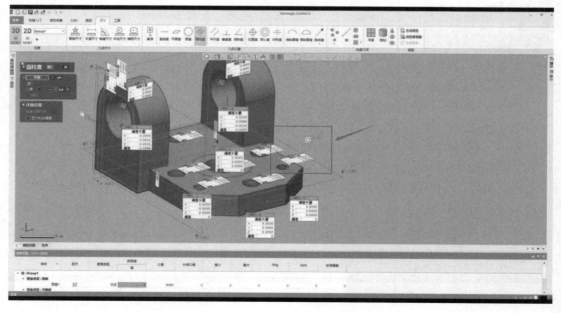

图 3.73　圆柱度分析

⑤圆心度：点击"尺寸"，选择 （同心度），捕捉到模型上的阶梯孔点击即可，如图 3.74 所示。

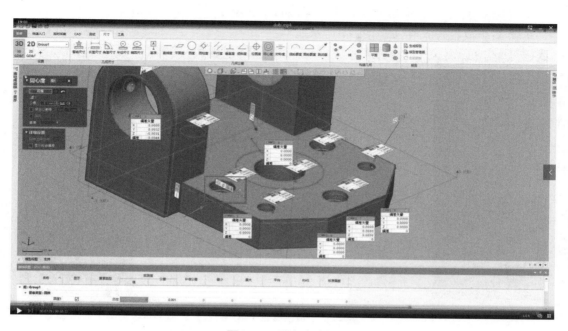

图 3.74　同心度分析

（3）输出对比报告

步骤 1：点击"快速入门"选项，选择 （生成报告），弹出报告创建窗口，点击"生成"即可，如图 3.75 所示。

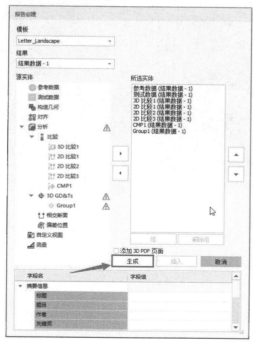

图 3.75　创建并生成报告　　　　　　图 3.76　填写信息

步骤2：点击 📄 PDF（输出PDF），输入文件名以及保存路径即可，如图3.76所示。

步骤3：生成报告完成，如图3.77所示。

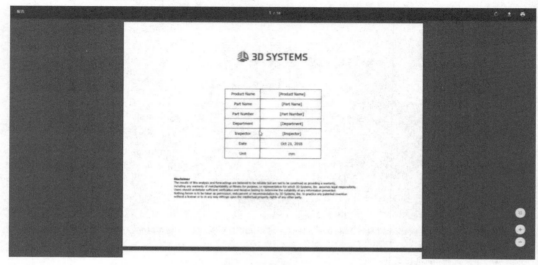

图3.77　输出报告PDF格式

思政小故事

　　工匠精神，精于工、匠于心、品于行，这是中国制造向新高地冲锋时高高举起的旗帜，是中国工商业文明向新境界进发时必不可少的引擎。随着工业自动化加工的深入推进，无数的机械加工车间开始进行自动化生产，产品的测量检测至关重要。

机械加工

项目实训

项目名称	数据检测分析	学时	2	班级	
姓名		学号		成绩	
实训设备	ZEISS 扫描仪	地点	快速制造中心	日期	
训练任务	使用 Geomagic Control X 软件对逆向建模模型进行数据对比分析				

★案例引入:

　　客户使用 Geomagic Design X 软件逆向建模后想得知模型的整体概况,需使用 Geomagic Control X 软件对工件进行检测并输出数据对比报告,那么应如何操作呢?

★训练一:以处理好的"工件"数据进行尺寸及形位公差检测。

要求:①将模型的 3D 与 2D 模型进行比较。

　　　②填写项目检测操作表格。

项目检测操作表格

测量项目	偏差	原因

面片网格(STL)

参数化模型(STP)

★训练二:检测完成,输出数据对比报告。

要求:输出报告为 PDF 格式。

★课外作业：

①根据报告的数据对比分析情况,适当修改模型。

②预习下一章节内容。

★5S 工作:请针对自身清理整顿情况填空。

□ 所使用的计算机已按要求关机。

□ 已整理工作台面,桌椅放置整齐。

□ 已清扫所在场所,无废纸垃圾。

□ 门窗已按要求锁好,熄灯。

□ 已填写物品使用记录。

小组长审核签名:

项目 4

光学触笔的使用

4.1 认识光学触笔

光学触笔校准

4.1.1 接触式测量的介绍

（1）接触式测量

1）测量种类

①按接触方式分类

根据 3D 扫描仪进行扫描测量时和被测物体接触与否，3D 扫描仪可分为接触式扫描仪和非接触式扫描仪两类。接触式 3D 扫描仪的代表是三坐标测量机——通过三坐标测量机的测头与实物模型进行的直接接触得到被接触点的三维坐标，主要用于精密的机械产品。虽然其精度可达到微米量级，但是由于体积大、造价高、不能测量柔软物体以及测量效率低，并且难以测量曲面特征为流线型的零部件，因此针对 3D 打印目的反求设计基本不采用这种方式，而采用非接触式的 3D 扫描。非接触式 3D 扫描仪扫描后得到的测量数据包含几百到几百万个不等的数据点，这些大量的三维数据点称为点云（Point Cloud），每一个三维数据点不仅包含该点的三维坐标信息，还包含色彩信息。

从三维数据点的采集方式上来看，利用光学原理的非接触式扫描待测量物体的方式兴起于 20 世纪 90 年代。早期的三维扫描设备多为基于激光光源的三角测量法，随着技术的不断进步，三维扫描又出现了以白光或蓝光等 LED 光源为基础的结构光三维扫描术。该技术凭借扫描精度高、速度快、扫描范围大等显著优势，逐渐成为工业扫描测量领域的主导产品。

非接触式 3D 扫描仪又分为拍照式 3D 扫描仪（也称光栅三维扫描仪）和激光扫描仪。近年来拍照式 3D 扫描仪呈现出了很好的市场应用前景。按光源类型的不同，拍照式 3D 扫描仪又可分为白光扫描和蓝光扫描等，激光扫描仪又有点激光、线激光、面激光的区别。

②按光照条件分类

按光照条件分类,3D 扫描技术可分为主动(Active)扫描与被动(Passive)扫描两种。

主动扫描是指对被测物体附加投射光,包括激光、可见白光、超声波与 X 射线等。其中激光线式的扫描可以扫描大型的物体,但是由于每次只能投射一条光线,所以扫描速度慢。而目前最新的基于结构光的扫描设备能同时测量物体的一个面,其点云密度大、精度高,在快速采集物体表面的三维信息方面具有独特优势。此外还有基于光照编码的扫描设备,如微软公司的 Kinect,具有实时性的特点。被动式扫描对被测物体不发射任何光,而是通过采集被测物体表面对环境光线的反射光来进行的。被动式扫描往往精度较低,噪声误差较大。因其不需要规格特殊的硬件,所以价格非常便宜。被动式扫描重建技术,如 Autodesk 公司开发的 123D Catch 技术,基于计算机三维视觉的理论获取表面数据,其图像质量会受环境光照条件的影响。

2)接触式测量方法

①三坐标测量机

坐标测量机是一种大型的、精密的三坐标测量仪器,可以对具有复杂形状的工件的空间尺寸进行逆向工程测量。坐标测量机一般采用触发式接触测量头,一次采样只能获取一个点的三维坐标值。20 世纪 90 年代初,英国 Renishaw 公司研制出了一种三维力—位移传感的扫描测量头,该测头可以在工件上滑动测量,以连续获取表面的坐标信息,扫描速度可达 8 m/s,数字化速度最高可达 500 点/s,精度约为 0.03 mm。这种测头价格昂贵,目前尚未在坐标测量机上广泛应用。坐标测量机的主要优点是测量精度高、适应性强,但一般接触式测头的测量效率低,而且一些软质物体的表面无法进行逆向工程测量。

②层析法

层析法是近年来发展起来的一种逆向工程技术,那将研究的零件原形填充后,采用逐层铣削和逐层光扫描相结合的方法获取零件原形不同位置和截面的内、外轮数据,并将其组合起来获得零件的三维数据。层析法的优点在于可对任意形状、任意结构的零件的内外轮廓进行测量,但测量方式是破坏性的。

3)接触式测量的简介

接触式三维数据测量设备是指利用测量探头在与被测量物体进行接触时触发一个记录信号,并通过相应的设备记录下当时的标定传感器数值,从而获取被测量物体的三维数据信息息。在接触式测量方法中,三坐标测量机是应用较广泛的一种测量设备。三坐标测量原理是:将被测物体置于三坐标机的测量空间,可获得被测物体上各测点的坐标位置,对这些点的空间坐标值进行计算,可得到被测对象的几何尺寸、位置和形状。

接触式测头是三坐标测量机上常见的一种测头,其结构稳定、刚性和重复性较好,常见的材质如钢、人造红宝石等,因为价格低廉而广受欢迎。接触式测头常见的是力触发式和连续扫描式两种,而触发方式则分为手动触发和自动触发两种。手动触发式测头是当测头与被测零件接触后以按钮来确认采点的方式,而力触发和连续扫描式测头通常都为自动触发测头,不过前者主要是测头与被测零件表面接触达到一定力之后传感器自动触发记录点位置的,而后者则是在被测量零件表面连续采点。

接触式测量的优缺点如表 4.1 所示。

表 4.1　接触式测量的优缺点

优点	缺点
配合性强	需使用特殊夹具
准确性强	点测量输出,速度较慢
可靠性高	易变形物体的测量误差较大
不受反射特性、颜色和曲率的影响	测头易磨损

4)天远三维光学触笔的工作原理

光学触笔采用的是接触式的测量方式。其应用了电子开关,触发信号由电子开关控制,得到点的坐标测量输出。其重复性和准确性均较高,不受人为因素的影响。

5)光学触笔的技术参数(表 4.2)

表 4.2　光学触笔的技术参数

技术参数	
采集速度	最高为 30 点/s
测量精度	≤0.03 mm
光笔探针	三坐标专业探针 25 mm
触发装置	内置蓝牙无线遥控,扳机和按键相结合的触发方式

(2)天远三维光学触笔

1)硬件介绍

天远三维光学触笔硬件结构如图 4.1—图 4.3 所示。

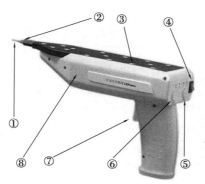

①—笔尖:直接接触被测物体表面;②—笔尖紧固螺栓;③—光笔框架点,用于确定笔尖的位置;

④—电源开关;⑤—Next:标定时的"下一步";⑥—Undo:撤销上一步;

⑦—扳机:用于"光笔标定""测量"时选点;⑧—笔身:测量人员手持部位

图 4.1　光学触笔

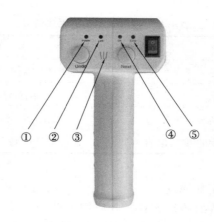

①—电源指示灯;②—蓝牙指示灯;
③—蜂鸣器;④—确认指示灯;⑤—错误报警指示灯

图4.2 光学触笔背部

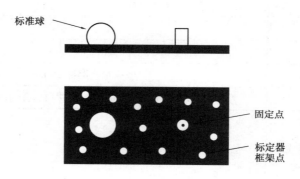

图4.3 标定器图解

2)设备应用(表4.3)

表4.3 光学触笔的应用范围

主要用途
工件的整体接触式测量
用于光学三维扫描仪难以测量的部位
提取特征线、特征孔等数据
测量数据与CAD图纸比对
单点测量
在线定位对齐
实现了以光学三坐标接触式测量来采集工件表面的坐标
实现了工件整体的接触式测量

3)设备连接

首先打开光笔的电源开关,电源指示灯亮起,此时在计算机的"设备管理器"中找到"人体学输入设备",在下拉菜单中找到"USB输入设备",选择后点击鼠标右键,选择"属性"命令,如图4.4所示。

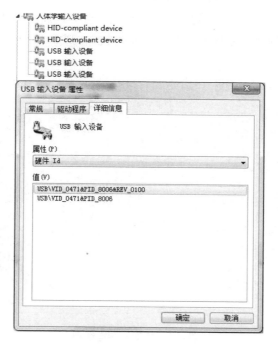

图4.4　USB输入设备属性

连接流程:

①能够读取"0471",即为蓝牙和电脑连接成功。

②光笔Link灯亮起。

③再次打开天远三维扫描系统3D Scan.exe。

④切换到光笔测量模式。

⑤点击"开启蓝牙"命令。

⑥扣动光笔扳机,蜂鸣器会发出"滴滴"的报警声。

4.1.2　光学触笔的基本操作及维护

(1)光学触笔的基本操作

1)扫描框架拍摄

①光学触笔和其他三维扫描仪及光学测量仪器一样,使用前都需要进行设备的校准。

②校准前需进行"扫描框架拍摄",目的是在测量过程中定位光笔的相对位置。

③测量大物体时,由于累积误差会使最后的测量误差偏大,为了控制整体的误差,测量大物体时应先建立框架,再进行标志点的拼接测量。

2)操作流程

①确认左右相机的拍摄场景及其光栅视窗均打开(光栅视窗投射蓝光)。

②确认相机定标已完成,在". \CalibData"目录下有camera. bin文件。

③对待测物体进行分析,并在整个被测的大物体上贴上所需的标志点。

④调整好测量头到被测物体的距离,根据需要调整两个相机的曝光时间和增益强度。

⑤按照6节所描述的进行光栅发射器焦距的调整,使投出的光栅清晰可见。

⑥点击工具栏中的新建 ▢,工程扫描模式改为"框架扫描",选择"工程目录",输入"工程名称";此时若工具栏中的"实时识别"处于高亮状态,则左右相机窗口中的标志点为实时显示状态。

⑦结果显示。点击命令栏 ▦,扫描完成后,相机视窗如图4.5所示。

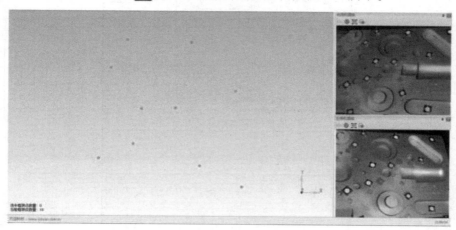

图4.5　框架的扫描结果

⑧第一面拍照记标点完成后,移动扫描仪或被测物体进行下一次拍照,点击图标 ▦ 进行下一次拍照。绿色点为上次测量的点,红色点为新识别的点。在左侧的工作面板有每次扫描的误差。

如果新测量的部位标志与前面测量部位的公共标志点少于4个时会弹出对话框,需重新调整测量的位置或者角度,重新拍摄。

重复第八步,把整个被测物体上的标志点测量完,物体的框架就建立好了。建立好的框架如图4.6所示。

⑨框架保存:框架建立好后,会自动保存在工程目录下以工程名命名的文件夹"Results"文件夹内,名称为"＊＊.dgm"文件("＊＊"为工程名)。另外也可以手动保存框架,方法为:点击鼠标右键选择"导出框架点",系统会自动弹出路径保存对话框,选择相应的路径保存,如图4.7所示。

⑩框架建立好后,选择"标志点拼接扫描",勾选"打开框架点",选择框架路径并将框架导入后便可打开此框架点进行扫描。

⑪利用框架扫描来测完整个被测物体。在测量过程中可以没有公共的拼接部分,可利用框架来进行拼接,如图4.8所示。

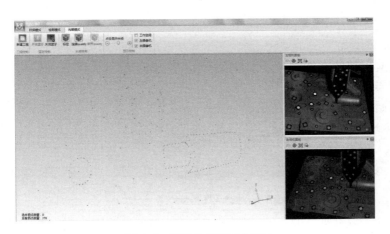

图 4.6　测物体的整个框架

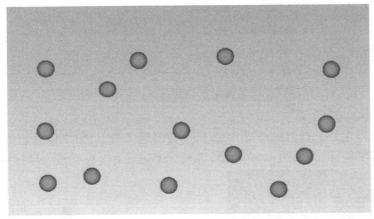

图 4.7　导出框架点

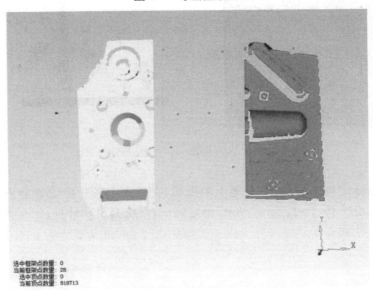

图 4.8　点云拼接到框架上

3）标定过程

①切换"光笔模式"。

②选取对应框架的文件。

③输入球半径 15。

④确定开始标定,如图 4.9 所示。

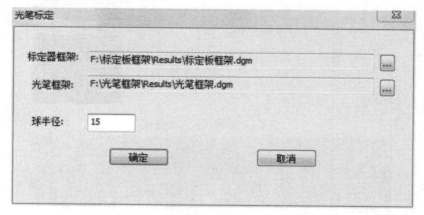

图 4.9　光笔标定

4）圆柱标定

操作光笔在固定点上自由运动,扣动扳机进行测量采集,当采集位置达到 70 次以上时可点击"Next"完成圆柱标定,如图 4.10 所示,圆柱标定完成后会自动进入球标定状态。

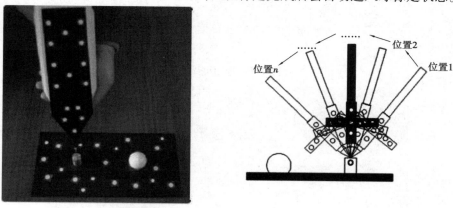

图 4.10　光笔标定第一步、圆柱标定示意图

5）球标定

操作光笔在标定球上打点,按光笔上的扳机,在球面上的相应位置会出现点信息,如图 4.11 所示。打点超过 40 个时,点击"Next"标定完成,系统会自动计算、保存光笔标定的文件,文件保存在安装目录之下。

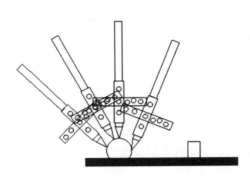

图 4.11　光笔标定第二步、球标定示意图

6）光笔测量（图 4.12）

当完成了光笔的校准后，即可开始测量工作：

①在相机视野内自由移动光笔，按动扳机获取点的位置。

②光笔有两种模式：单点采集和连续点采集。

③保存格式为：. ASC。

数据有自动保存功能，为防止因误操作或者断电等引起测量数据丢失，程序在每一次打点后都会实时保存测量文件。

（2）设备的维护及其他的接触式测量仪器

1）设备的基本维护（图 4.13）

①测量头拆卸：只需要逆时针旋拧取下即可。

②测量头安装：顺时针旋拧，拧至稍微紧即可。

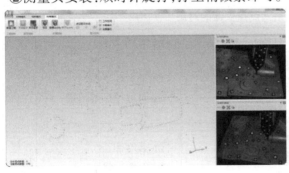

图 4.12　测量结果显示　　　　　图 4.13　测量头装卸

③光笔上的标定点不能弄脏或弄丢，否则在拍摄框架的时候无法找到光笔，还须注意：

A.标定点尽可能少用手去摸，以免弄脏。

B.标定点若脏了，则需更换。

C.光笔不适宜在强光照射（如太阳光）下使用。

2)系统的环境要求(表 4.4)

表 4.4　光学触笔系统环境要求

系统环境要求	
温度	5 ~ 40 ℃
湿度	20% ~ 80%
环境因素	无粉尘、无强烈震动

(3)主流的接触式测量设备

1)主流设备

主流的接触式测量设备有 3D Probe 光学触笔、FARO Arm 关节臂、ROMER 绝对臂等,如图 4.14 所示。

图 4.14　3D Probe 光学触笔、FARO Arm 关节臂、 ROMER 绝对臂

2)设备的对比分析(表 4.5)

表 4.5　接触式测量仪器的对比

设备名称	优点	缺点
3D Probe 光学触笔	①测量速度快,操作简便 ②维护成本低 ③课余 OKIO 系列扫描仪结合	①测量头容易损坏 ②需要进行框架拍摄
FARO Arm	①测量速度快 ②扩展测量体积 ③工作空间优化	①价格昂贵 ②操作较为复杂
ROMER 绝对臂	①便携性,操作简便 ②测量精度高达 0.023 mm ③功能集成	①对工作环境的要求严格 ②校准过程用时较长

项目实训

项目名称	认识光学触笔	学时	2	班级	
姓名		学号		成绩	
实训设备	光学触笔	地点	快速制造中心	日期	
训练任务		使用光学触笔对工件进行测量			

★案例引入:

客户需扫描抄数一个3D打印件,但工件内部结构复杂,深孔特征无法扫描仪,现借用光学触笔辅助进行扫描测量如图所示。

光学触笔

光学触笔检测

★训练一:请对光学触笔测量仪进行连接电脑。
要求:光学触笔测量仪与电脑对接成功。

★训练二:使用光学触笔测量仪对工件进行如图所示的点测量,并保存".ASC"文件。
要求:测量特征的定型尺寸。

测量工件

★课外作业:
①试使用光学触笔测量仪对身边物体进行测量操作。
②了解FARO Arm和ROMER关节臂测量仪的工作原理和操作方法。
③预习下一章节内容。

★5S工作:请针对自身清理整顿情况填空。
□ 所使用设备已按要求关机断电。
□ 已整理工作台面,桌椅放置整齐。
□ 工具器材已放至指定位置,并按要求摆好。
□ 已清扫所在场所,无废纸垃圾。
□ 门窗已按要求锁好,熄灯。
□ 已填写物品使用记录。

小组长审核签名:

数据处理

4.2　数据处理

4.2.1　光学触笔的用途

（1）使用场景

有些工件存在死角位或内部特征复杂,扫描仪无法扫描,这时候就需要用接触式测量仪器来辅助扫描工作,光学触笔使用场景如图4.15、图4.16所示。

图4.15　光学触笔死角打点

图4.16　光学触笔辅助打点

（2）天远三维数字扫描系统工具栏命令介绍

天远三维数字扫描系统工具栏命令如图4.17所示。

图4.17　工具栏命令

①打开文件功能可以将扫描数据导入检测模块,支持的数据格式有 ＊.dgm、＊.asc、＊.stl、＊.obj。

②新建文件功能,可以将当前工程清空。

③点云另存为可以将工程内的点云数据保存并输出。

④网格另存为可以将工程内的网格数据保存并输出。

⑤选取一个点拟合生成点特征:在数据上选取一个点,如图4.18所示。点击应用,完成点特征的拟合,点击下一个,则可以进行第二个点的拟合工作。

⑥选取一组点拟合生成一个线特征:一次选取两个点,点击应用,则拟合出一条直线,如图4.19所示,点击下一个,则可以进行第二条直线的拟合工作。

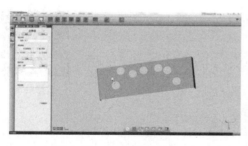

图 4.18 建立点特征　　　　　　图 4.19 建立线特征

⑦选取一组点拟合生成一个面特征:选取在同一平面的点云,如图 4.20 所示。点击应用,完成平面 1 的拟合,如图 4.21 所示;如果想增加平面特征,则点击下一个。

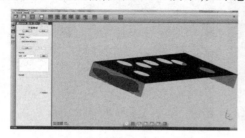

图 4.20 选取参与拟合的点云　　　　图 4.21 拟合平面特征

⑧选取一组点拟合生成一个圆特征:选取一部分点云,如图 4.22 所示,点击应用,系统会根据选取的点云拟合出一个特征圆,如图 4.23 所示。

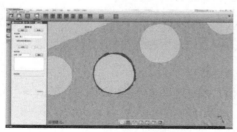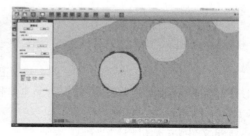

图 4.22 选取参与拟合圆的点云　　　　图 4.23 拟合圆特征

⑨点击球特征命令,选取一部分点云,点击应用,系统会根据选取的点云拟合出一个特征球体,如图 4.24 所示。

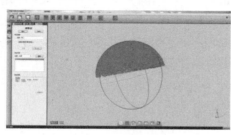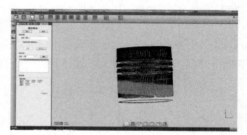

图 4.24 拟合特征球体　　　　　　图 4.25 拟合圆柱特征

⑩选取一组点拟合生成一个圆柱特征,如图 4.25 所示。

⑪点击进入点间距测量模式,依次选择需要测量的两个点云,此时左侧的菜单栏会显示两个点的坐标值及距离,如图 4.26 所示。

⑫点击两平行点云间的距离按钮,该功能可以测量两个面之间的距离,选取点云,点击拟合平面 1,之后选取另一片点云,点击拟合平面 2,此时左侧菜单栏里会显示两个平面的距离,如图 4.27 所示。

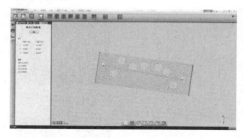
图 4.26　测量两点间的距离

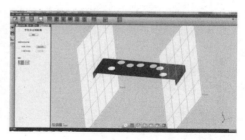
图 4.27　测量两平行点云之间的距离

⑬点击"对齐到世界坐标系"按钮,可以在世界坐标系与特征之间建立配对关系,以用来摆正数据的坐标系,如图 4.28 所示。

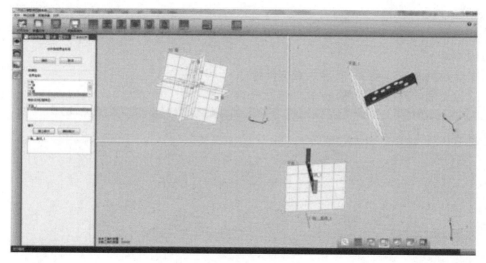
图 4.28　将数据对齐到世界坐标系

4.2.2　借助光学触笔进行数据处理

(1)光学触笔操作

1)测量打点

①安装好光学触笔后,进入数字扫描系统软件。

②操作光学触笔,在所需位置及特征进行打点,如图 4.29 所示。

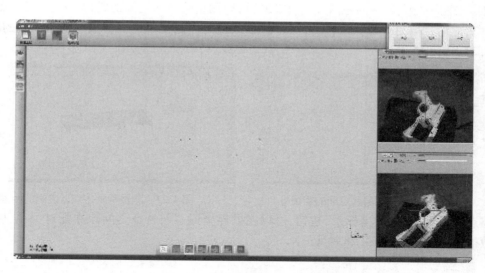

图 4.29　光笔辅助打点

2）模型修补

①用导光笔测量. asc 文件,导入点文件如图 4.30 所示。

②结合光笔的打点使用 Wrap 软件进行修补。

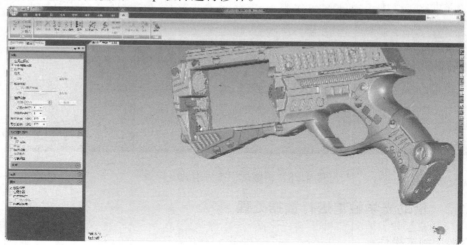

图 4.30　导入点文件

（2）点云处理

1）删除噪点

①导入扫描测量后的数据文件,如图 4.31 所示。

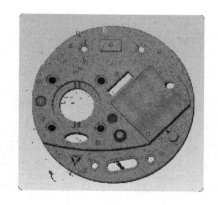

图4.31　数据文件

②按住鼠标左键框选点云,选中点云后按键盘上的"Delete"键删除噪点,如图4.32所示。

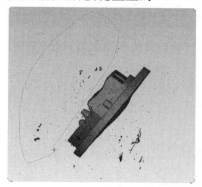

图4.32　删除噪点

2)面片修补

将处理完成的点云数据文件进行封装,并且对封装的文件进行面片的修补处理,如图4.33所示。

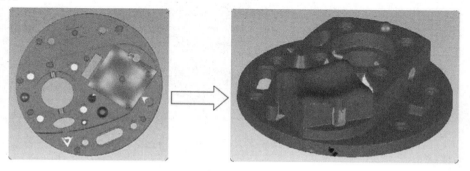

图4.33　修补残破面片

3)逆向建模

使用Geomagic Design X软件对处理完成的面片数据进行逆向建模。

①自动分割。采用"自动分割"命令将模型的特征分割出来(图4.34),使用"领域组"命令将模型特征自动拟合。

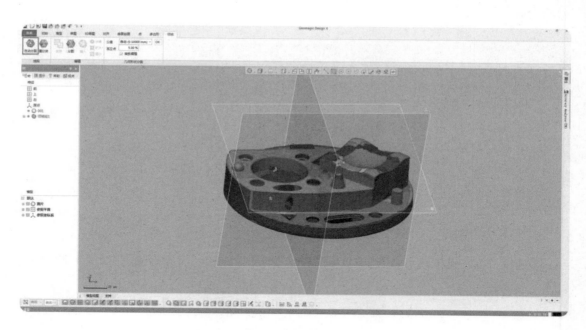

图 4.34　自动分割

②通过"面片草图"命令对模型进行特征的创建,如图 4.35 所示。

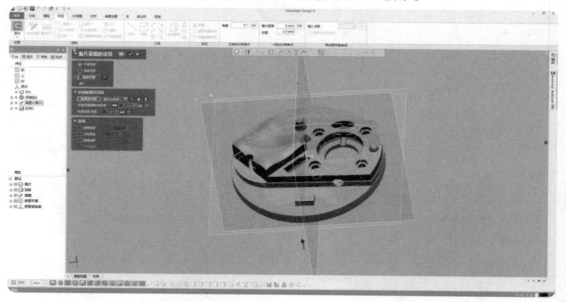

图 4.35　面片草图

4)文件输出

完成文件的逆向建模后,可对文件进行输出。具体操作为:点击"菜单"中的"另存为"并输入文件名称选择文件类型之后进行导出。

(3)数据对比分析

①导入参考数据。

②导入测试数据(图 4.36)。

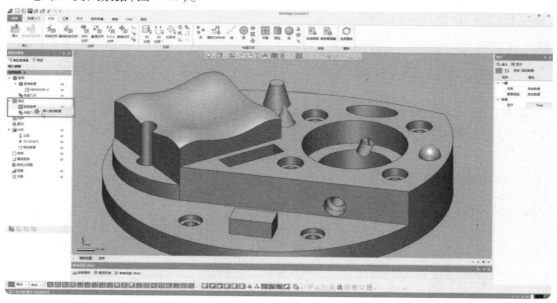

图 4.36　导入测试数据

③工件数据对齐(图 4.37)。

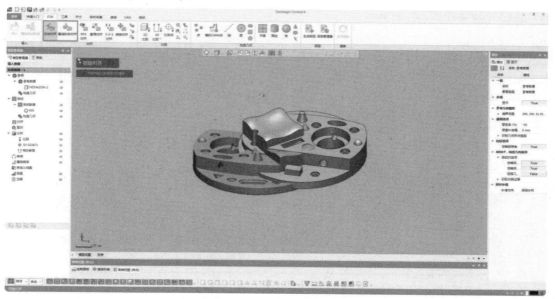

图 4.37　工件数据对齐

④模型的 3D 比较(图 4.38)。

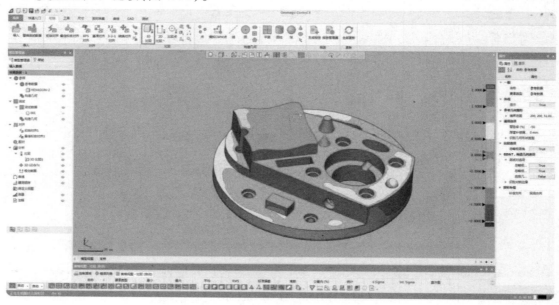

图 4.38　3D 比较

⑤尺寸测量比对(图 4.39)。

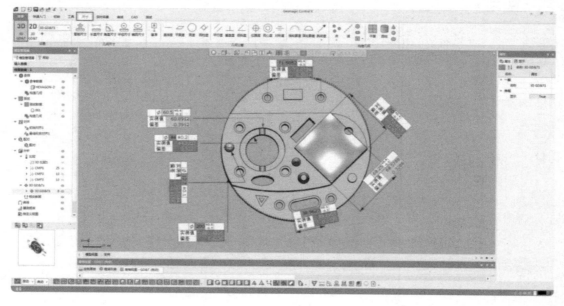

图 4.39　尺寸测量比对

⑥可在软件中选择所需项目来进行测量(图 4.40)。

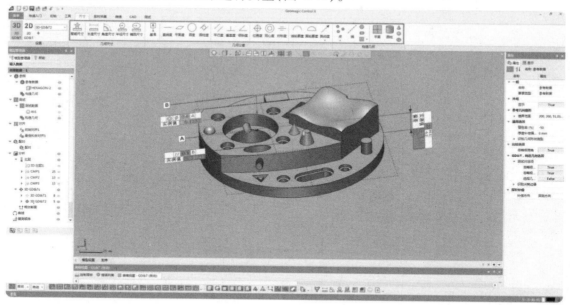

图 4.40   测量项目

⑦生成数据对比分析报告(图 4.41)。

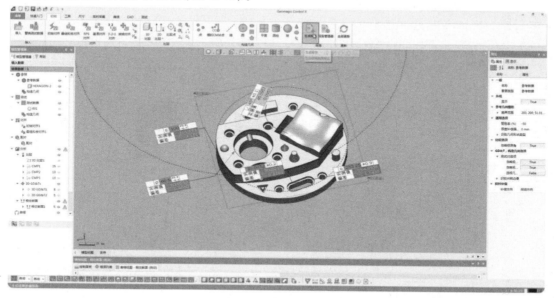

图 4.41   生成数据对比分析报告

⑧选择报告包含的项目(图4.42)。

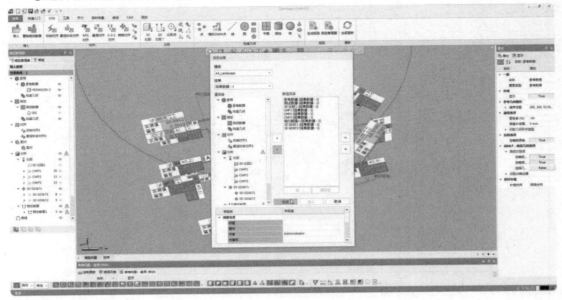

图4.42　选择报告包含的项目

⑨等待报告的生成(图4.43)。

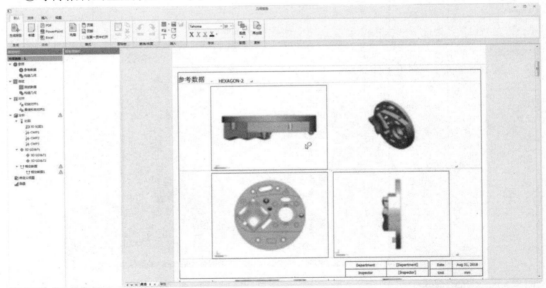

图4.43　报告的生成

⑩报告分析包括基本的扫描测量的概况和项目数据分析表,如图4.44所示。

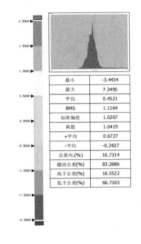
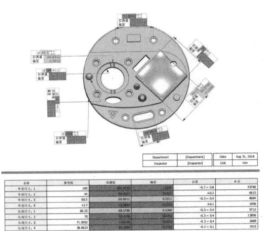

图 4.44　基本的扫描概况、项目数据分析

思政小故事

　　劳动者素质对一个国家、一个民族的发展至关重要。当今世界,综合国力的竞争归根到底是人才的竞争、劳动者素质的竞争。这些年来,中国制造、中国创造、中国建造共同发力,不断改变着中国的面貌。从"嫦娥"奔月到"祝融"探火,从"北斗"组网到"奋斗者"深潜,从港珠澳大桥飞架三地到北京大兴国际机场凤凰展翅……这些科技成就、大国重器、超级工程都离不开大国工匠执着专注、精益求精的实干,刻印着能工巧匠一丝不苟、追求卓越的身影。

港珠澳大桥

项目实训

项目名称	数据处理	学时	2	班级	
姓名		学号		成绩	
实训设备	光学触笔、天远三维数字扫描系统	地点	快速制造中心	日期	
训练任务	对于无法扫描获取数据的部位使用光学触笔进行测量辅助扫描				

★案例引入：

　　客户要求工程师使用扫描仪对工件进行扫描,但因有深孔和扫描死角,需使用天远光学触笔进行辅助扫描。

光笔死角打点

光笔辅助打点

★训练一：使用光学触笔对工件的扫描辅助打点。

要求：①在所需特征处进行打点。

　　　②打点适当,不能过多。

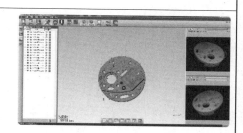

★训练二：使用 Geomagic 软件进行工件的点云处理及逆向建模,并保存".STP"文件。

要求：要求逆向建模与原文件拟合程度高。

★训练三：使用 Geomagic Control 软件对逆向建模的工件进行数据对比分析。

要求：①进行零件尺寸的分析。

　　　②进行零件形位公差分析。

★课外作业:

①试使用光学触笔对扫描工件进行测量。

②使用 Geomagic 软件逆向建模与数据对比分析并输出报告。

③预习下一章节内容。

★5S工作:请针对自身清理整顿情况填空。

☐ 所使用设备已按要求关机断电。

☐ 已整理工作台面,桌椅放置整齐。

☐ 工具器材已放至指定位置,并按要求摆好。

☐ 已清扫所在场所,无废纸垃圾。

☐ 门窗已按要求锁好,熄灯。

☐ 已填写物品使用记录。

小组长审核签名:

项目 5

绝对臂

5.1　认识绝对臂

ROMER 绝对臂

5.1.1　认识关节臂测量机

（1）海克斯康 ROMER 绝对臂

1）关节臂测量机的简介

关节臂测量机的定义为：仿照人体关节结构，以角度为基准，由几根固定长度的臂通过绕互相垂直的轴线转动的关节（分别称为肩、肘和腕关节）互相连接，在最后的转轴上装有探测系统的坐标测量装置。

关节臂坐标测量机是一种新型的非正交坐标测量机，每个臂的转动轴或者与臂轴线垂直或者绕臂自身的轴线转动，一般用三条横线"－"隔开，来分别表示肩、肘和腕的转动自由度，如图 5.1 和图 5.2 分别表示的 2－2－2、2－2－3 自由度配置的关节臂测量机。因为若关节数目越多则测头末端的累积误差越大，所以为了满足测量的精度要求，目前关节臂测量机一般为自由度不大于 7 的手动测量机。

关节臂式测量机通常分为 6 自由度测量机和 7 自由度测量机两种（图 5.1、图 5.2），与 6 自由度测量机相比，7 自由度测量机在腕部末端多出了一个自由度，其除了可以灵活旋转使测量更为方便之外，更重要的是减轻了操作时设备的质量，从而降低了操作时的疲劳程度，主要适用于激光扫描检测。

与传统的三坐标测量机相比，关节臂式坐标测量机具有体积小、质量轻、便于携带、测量灵活、测量空间大、环境适应性强、成本低等优点，被广泛应用于航空航天、汽车制造、重型机械、轨道交通、产品检具制造、零部件加工等多个行业。随着几十年来的不断发展，该产品已经具有三坐标测量、在线检测、逆向工程、快速成型、扫描检测、弯管测量等多种功能。一般来说，关节臂测量机的精度比传统的框架式三坐标测量机的精度略低，一般为 10 微米级以上，加上只能手动,所以选用时要注意场合。

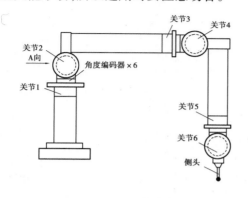

图 5.1　6 自由度关节臂测量机

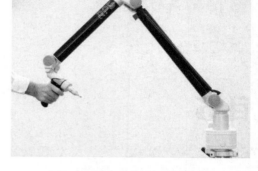

图 5.2　7 自由度关节臂测量机

2)关节臂测量机的种类

国际上著名的生产关节臂坐标测量机的公司有美国的 CimCore 公司、法国的 Romer 公司以及美国的 FARO 公司,这些公司的多款高质量产品已经在中国乃至全球市场占据了极高的市场份额。另外,意大利的 COORD3 公司、德国的 ZETT MESS 公司等均研制了多种型号的关节臂坐标测量机,可用于各种小型零件、箱体和汽车车身、飞机机翼和机身等的检测和逆向工程中,并显示了强大的生命力,其各自产品如图 5.3 所示。

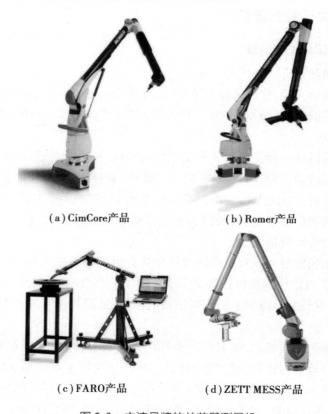

(a)CimCore产品　　　　　　　　　(b)Romer产品

(c)FARO产品　　　　　(d)ZETT MESS产品

图 5.3　主流品牌的关节臂测量机

3）关节臂测量机的配件

目前,在关节臂测量机市场上主推的产品包括 CimCore 公司的 Infinite2.0 系列测量机和 Stinger 系列测量机,Romer 公司的 Sigma 系列测量机,Omega 系列测量机,Flex 系列测量机和 FARO 公司的 Platinum 系列测量机等。

现在众多的关节臂测量机生产厂家采用了航空标准级复合碳素纤维材料来制造测量臂,使测量臂和外壳合为一体,因此具有热变形系数小、质量轻、硬度高和抗弯曲性强等特点。采用复合碳素纤维制造的好处是可以减少测量机与外界接触而引起的热变形,减少灰尘的影响,同时外形看起来更加美观、小巧。

关节臂测量机选配的测头多种多样,如接触式测头(图 5.4),可用于常规尺寸检测和数据点的采集;激光扫描测头,包括 Perceptron 公司推出的 ScanWorks V3、ScanWorks V4i、ScanWorks V5,Romer 公司推出的 G-Scan 系列以及 FARO 公司推出的 ScanArm V2、ScanArm V3 系列等产品,可实现密集点云数据的采集,并用于逆向工程和 CAD 对比检测;红外线弯管测头可实现弯管参数的检测,从而修正弯管机的执行参数。

图 5.4　接触式测量硬测头

关节臂测量机配备接触式测头的特点包括:质量轻,可移动性好;精度较高,测量范围大,测量死角少,对被测物体表面无特殊要求;测头可在物体表面接触以扫描、测量,测量速度快;可做在线检测,适合车间使用;对外界环境要求较低,如 Romer 系列机器可在 0~46 ℃的温度范围内使用,操作简便易学;可配合激光扫描测头进行扫描和 CAD 对比检测等。关节臂测量机配备非接触式激光扫描测头的特点包括:扫描速度快,采样密度高、适用面广,对被测物体的大小和质量无特别的限制,适用于柔软物体的扫描;操作方便灵活,扫描死角少,柔性好;对环境要求较低,抗干扰性强;特征测量和扫描测量可结合使用。

关节臂测量机配备激光扫描测头的精度较高,扫描速度较快,应用功能较为强大,因此在逆向工程和 CAD 对比检测的应用中得到了极高的市场认可度,是性价比较高的一款数据采集设备。在外接触发式测头时,关节臂测量机可以实现三坐标测量机的功能,而在外接非接触式激光扫描测头时,它又可以实现激光扫描仪和抄数机的全部功能。对于一些可动的大型零件,可进行多次扫描,然后在软件中进行数据拼接;而对不便移动的超大型零件进行检测和反求时,测量软件提供了一种扩展对齐技术,即蛙跳技术(leap frog),这种技术采用公共点进行坐标的转换。借助蛙跳技术的帮助,关节臂测量机可以完全摆脱固定式测量机面临的检测尺寸无法更改的问题,实现设备多次移动扫描数据自动拼接的功能。理论上蛙跳技术可使关节臂的测量范围变大,但考虑到测量精度在每次蛙跳之后都存在累加降低的情况,所以具体应用时要权衡被测工件的尺寸公差以进行蛙跳对齐。

如对汽车表面进行数字化时(图5.5):一种方法就是利用蛙跳技术;另一种方法是在汽车的表面上每相隔一定的距离粘贴一个钢球,使钢球分布在汽车表面整个区域上,多次移动关节臂测量机来扫描,然后利用钢球作为特征点进行数据拼接。不过上述两种方法都存在累积误差,致使扫描结果精度不高。另外一种是运用接触式测量和非接触式测量相结合的方法,同样在汽车表面上贴满钢球,当关节臂在位置1的情况下,首先用接触式测头测量5个钢球的位置,然后切换成激光扫描,扫描完成关节臂在位置1所能扫描的范围;移动关节臂到位置2,但需保证能测量到第一次测量的5个钢球,用接触式测头测量包括第一次测量的5个钢球在内的更多的钢球(多次测量的钢球可用于下一次机器移动的进行坐标时对齐),接下来应用关节臂在位置1测量的5个钢球的坐标值作为理论值,应用关节臂在位置2测量的同样的5个钢球的坐标值作为实测值,在测量软件中应用最佳拟合建立坐标系,在此新坐标系下完成机器在位置2范围内的扫描,这样就实现了机器移动,而两次扫描的数据可以实现自动拼接。运用同样的原理,多次移动关节臂,直到完成整个汽车表面的扫描,这种方法的扫描精度较高。

图5.5　汽车表面数字化

(2)关节臂测量机的工作原理及系统组成

1)工作原理

关节臂式光学扫描测头基于结构光视觉测量原理单次测量某扫描线上的待测点坐标,通过关节臂测量机各臂的位姿参数将上述待测点坐标转换为全局坐标,如此重复,将每个扫描线上的局部点坐标全部统一为全局点坐标,从而完成待测表面的扫描。因此,光学扫描测头系统的测量主要分为单次扫描线测量和扫描线统一测量。

一个自由度配置的关节臂坐标测量机由基座、三个测量臂、六个活动关节和一个接触测头组成,其结构如图5.6所示,图中关节1、5为回转关节,转动范围为0°～360°,即可以无限旋转;关节2、4、6为摆动关节,摆动范围为0°～180°。三根臂相互连接,其中第一根臂安装在稳定的基座上支撑测量机的所有部件,它只有旋转运动;另外两臂为活动臂,可在空间无限旋转和摆动,以适应测量的需要。第二根臂为中间臂,主要起连接作用,第三根臂在尾端安装有测头,第一根支撑臂与第二根中间臂之间、第二根中间臂与第三根末端臂之间、第三根末端臂与测头之间均为关节式连接,可作空间回转,而每个活动关节装有相互垂直的测量回转角的圆光栅测角传感器,可测量各个臂和测头在空间的位置。关节的回转中心和相应的活动臂构成个极坐标系,回转角即极角,由圆光栅传感器测量,而活动臂两端关节回转中心的距离为极坐标的极径长度。可见,该测量系统是由三个串联的极坐标系统组成的,当测头与被测工件接触时,数据采集系统会采集 6 个角度的编码器信号并传给 PC 机,之后会根据所建立的数学模型进行坐标变换,并计算出被测点的空间三维直角坐标。

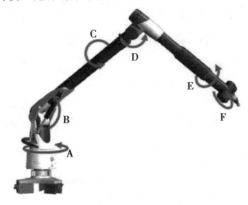

图 5.6　绝对臂摆臂示意图

2)三维点云拼接

①点云拼接原理

点云数据是三维扫描设备依据实体模型得到的一种数字化点集,点集中的每一点都包含了其物理参数信息。三维坐标值是点云数据最基本的物理参数信息,除此之外,被测物体表面的几何信息如曲率、法向量,视觉信息如图像、深度,也包含在其中,因此,点云数据能够真实、准确地反映被测物体的信息。

②点云的种类

三维空间中,根据点云数据之间的相对位置不同进行划分,点云可以分成以下四类:

A.散乱点云:点云的分布杂乱无章,无明显的几何特性和组织结构。

B.扫描点云:点云的整体分布呈现有规律的扫描状线性排列。

C.网格化点云:点云的整体分布呈现矩阵状,相邻点之间通过网格连接。

D.多边形点云:点云数据相互连接形成多边形,多边形之间具有嵌套关系。

上述四种点云的分布如图 5.7 所示。

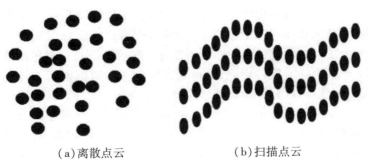

（a）离散点云　　　　　　　　（b）扫描点云

 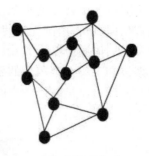

（c）网格化点云　　　　　　　　（d）多边形点云

图 5.7　点云分布

三维空间中,根据点云数据密集程度的高低可以划分为高密度点云和低密度点云。点云数据的密集程度一般取决于数据采集设备,利用激光扫描设备获得的点云数据是高密度点云,利用坐标测量设备获得的点云数据是低密度点云。

3）三维点云数据精简及其发展现状

三维扫描设备的迅速发展,使得获取的点云数据的密集程度越来越高,规模越来越大,若不进行点云数据的精简,将会占用计算机大量的内存资源,同时会对点云数据的拼接效率产生很大的影响。点云精简就是尽可能多地保留能够体现场景特征或被测实体表面特征的数据点、删去冗余点的操作过程。目前对点云数据进行精简的主流方法有角度精简法、网格精简法和曲率精简法等。角度精简法是指搜索三个相邻的数据点,将中间点与其他两点进行连线,当三点连线所成的夹角小于预先设定的阈值时删除其他两点,反之保留数据点。角度精简法实现起来简单快捷,但精简后的点云数据的精确度不高。网格精简法是指将点云数据划分为均匀的小网格,依据不同的删减策略依次对小网格进行处理,以完成精简。网格精简法在处理形状复杂的实体点云时,容易忽略实体表面的几何特征信息,易产生图像失真。曲率精简法是利用曲率值进行点云的精简,精简原则是曲率大的区域尽量多保留点,曲率小的区域尽量少保留点。曲率精简法能够很好地保留实体表面的几何特征信息,但计算量比较大,整个精简过程耗时较长。

4）点云数据配准

①点云配准方法

点云数据配准是将不同视角下采集到的点云数据进行拼接,使不同视角下的局部点云数据转换到统一坐标系下,进而可以得到被测实体或场景的完整的点云数据。若从配准精确度高低的角度进行划分,可以分为粗配准与精确配准,粗配准是指将两片任意位置的点云数据进行粗略的配准,使其大致在同一个位置上,为精确配准提供良好的初始值。粗配准常用的方法有标签法、转台法、主元分析法、曲率分析法等。精确配准是指对粗配准后的点云数据进行精确匹配,求解平移矩阵与旋转矩阵,以得到完整的点云数据模型。若从点云数据密集程度高低的角度进行划分,可以分为稀疏点云配准和密集点云配准。若从点云数据性质的角度进行划分,可以分为刚性配准和非刚性配准。刚性配准用于点云数据没有损坏、变形的情况,只需旋转和平移操作即可完成配准。非刚性配准适用于点云数据有不同程度的扭曲现象,此时还需要其他操作才能完成点云数据的配准。点云精确配准算法中,应用最为广泛的是三角组合法算法。三个标志点的设定原则为三点不能共线,应避免三角形成为狭长三角形,面积应足够大。两组标志点数据分别为 p_1、p_2、p_3 和 q_1、q_2、q_3,那么三点的几何变换方法为:首先把

p_1 平移到 q_1，然后把矢量 (p_2-p_1) 变换到 (q_2-q_1)，最后把包含 p_1、p_2 和 p_3 三点的平面变换到包含 q_1、q_2 和 q_3 的平面，如图 5.8 所示。

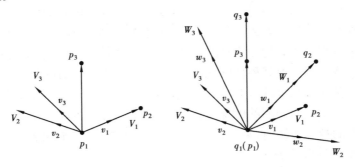

图 5.8　三角组合法变换

②拼接误差分析（表 5.1）

表 5.1　拼接误差分析表

误差问题	出现误差的原因
测量误差	由于扫描测量时的，所以导致拼接误差的出现
量化误差	三维连续曲面用有限数字化点云表示时引入的误差，导致拼接会有缺陷
定期误差	对同一实际物理标志点在分次测量、识别时产生的定位误差，因此在对同一标志点分区测量时产生了相对的误差，从而拼接存在精度的问题

③点云拼接常用技术

点云拼接是一种将不同视角下获取的局部点云数据进行某种技术处理以生成完整点云数据的技术。点云拼接的流程可以概括为以下四个步骤：获取原始的点云数据、点云预处理、点云配准处理和点云融合处理。其中，点云预处理和点云配准处理是点云拼接技术的两个关键环节，对最终的点云拼接质量和效率起着决定性的作用。因此本文将研究重点放在了点云预处理和点云配准处理这两个环节上。点云拼接技术的具体流程如图 5.9 所示。

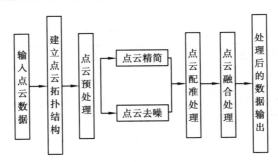

图 5.9　点云拼接流程图

④获取点云数据

逆向工程、电子传感和计算机视觉等技术的发展，使获取真实物体的三维点云数据变得实际可行，并且获取点云数据的方法也逐渐趋于成熟化。从测量的整个过程是否对被测物体有破坏性的角度进行划分,可以分为破坏性测量与非破坏性测量。从测量过程中测量设备是否与被测物体有接触的角度进行划分,可以分为接触式测量与非接触式测量。接触式测量可以分为三坐标测量机测量与飞行时间法测量,其中三坐标测量机测量比较常用。而非接触式测量则主要是借助光学、声学、电磁学等方面的原理、知识进行测量的,其中依据光学原理进行测量的方法又可以划分为结构光法与图像分析法。应用较为广泛的是结构光法,结构光法的测量原理是对被测实体投射某种特殊光线,通过解析被测实体的反射光获得被测实体的真实数据。通过与非接触式测量进行对比,可以发现接触式测量主要存在以下缺点:探针接触被测实体表面时会产生不同程度的摩擦,这会在一定程度上损坏探针与被测实体;测量一些表面较软且易变形的被测实体时,容易产生弹性变化,影响测量数据的准确性。点云数据采集方式的具体分类如图5.10所示。

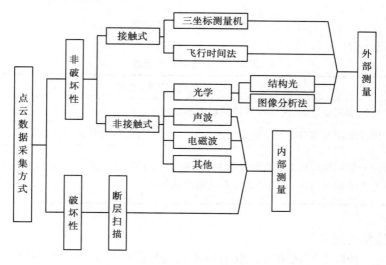

图5.10 点云数据采集方式分类图

(3)绝对臂相关结构与应用

1)绝对臂的特点

ROMER 绝对臂测量机是一款高精度、便携式,整合了激光扫描功能的三坐标测量机。

2)技术参数(表5.2)

表5.2 绝对臂的技术参数

扫描速度	752000 点/s
扫描频率	100 Hz
工作距离	165 mm ± 50 mm
精度	0.028 mm
质量	375 g
工作温度	5 ~ 40 ℃

3)技术优势

①激光扫描可保证获取到高精度的完整点云。

②最大线宽可达 230 mm,扫描速度快。

③全自动动态激光功率控制,能扫描高亮、高暗物件。

④可以扫描非常狭窄、细小的复杂型腔。

5.1.2　绝对臂的基本操作

(1)绝对臂的使用

1)取出绝对臂

握住手柄和 E 轴,将测量臂从便携式仪器箱中垂直地取出来。如图 5.11、图 5.12 所示。

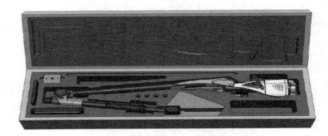

图 5.11　便携式仪器箱

图 5.12　握住 E 轴取出关节臂

2)基座安装

向上轻放,将绝对臂安装在基座上,如图 5.13 所示。

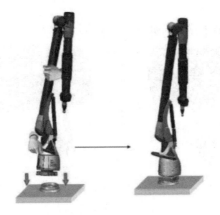

图 5.13　安装基座

3）拧紧底盘

安放好绝对臂后，顺时针拧紧底部旋盘，如图 5.14 所示。

图 5.14　拧紧底盘

4）打开机器锁

一开始绝对臂的关节处于锁死状态，需要打开机器锁才能操作绝对臂的关节，如图 5.15 所示。

图 5.15　打开机器锁

5）安装测头

将测头安装在绝对臂的连接器上，如图 5.16 所示。

图 5.16　安装测头

6）连接线缆

将电源线连接到测量臂上，然后把 USB 数据线连接到测量臂和电脑上，如图 5.17 所示。

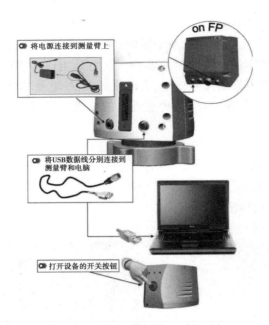

图 5.17　线缆连接

7）启动设备

按下设备的电源开关,设备会亮起绿灯,若绿灯常亮,设备即可使用,如图 5.18 所示。

图 5.18　开启设备

（2）绝对臂的应用领域

1）在机检测

在机测量（On Machine Inspection, OMI）是以机床硬件为载体,附以相应的测量工具（硬件有机床测头、机床对刀仪等;软件有宏程式、专用 3D 测量软件等）,在工件加工过程中,实时在机床上进行其几何特征的测量,根据检测结果指导后续工艺的改进,如图 5.19 所示。

图 5.19　在机检测（OMI）

2)工作车间检测(图 5.20)

零件的制造和检验是加工过程中的两个重要环节,零件交付前,只有经过检验,才能判断零件是否合格,只有合格的零件才能交付给客户。设备是由许多零件构成的,在机械设备的安装或维修中,除了要检测零件的尺寸精度、表面质量,某些重要零件还要经过无损检测来判断其是否有内部缺陷或潜在的缺陷,以避免恶性事故发生。同时,无损检测也是机械制造工厂的常见工序之一。

零件检测的主要内容:

①零件几何精度的检测。

②零件表面质量的检测。

③零件材料力学性能的检测。

④零件隐蔽缺陷的检测。

图 5.20   工作车间检测

3)模具检测(图 5.21)

模具主要检测以下四个方面:

①角度和锥度的测量。

②圆度、圆柱度及同轴度的测量。

③平行度、垂直度的检测。

④模具分型面、型腔的检测。

图 5.21   模具检测

(3)绝对臂校准

1)校准方式

绝对臂的校准分为两步:RDS 软件检查机器的精度和测量标准球的校准。

2)WinRDS 参数导入

步骤1:参数光盘在防震箱,读入后可见到。

步骤2:打开 WinRDS,进入 config 菜单,之后进入 Armspecs,依图示操作。

步骤3:要查看参数是否导入成功,可以依照图5.22进行操作。

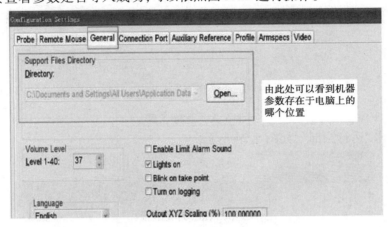

图 5.22　查看参数

3)WinRDS 介绍

软件主界面介绍:

①Init——机器联机。

②Config——参数(详见 Config 参数设置)。

③Monitor arm——机器状态测试。

④Leap frog/grid lok——蛙跳功能。

⑤probe calib——测头校准(详见 WinRDS 测头校验)。

⑥Power probe calib——自动触发测头校准。

⑦length check out——机器长度精度检查。

⑧point check our——机器单点精度检查。

⑨special functions——特殊功能。

⑩probe number——正在使用的测头的编号。

⑪probe diameter——正在使用的测头的直径。

4)RDS 检查机器的精度

步骤1:右键点击 RDS 图标,选择"RDS Data Collector"。

步骤2:点击诊断工具,点击运行,如图5.23所示。

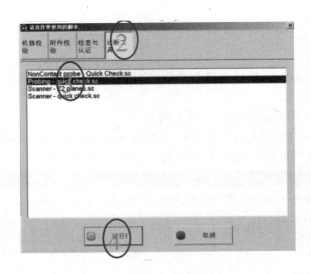

图 5.23　诊断工具

步骤 3：点击"运行全部"，如图 5.24 所示。

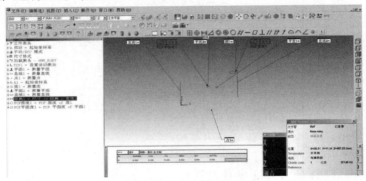

图 5.24　软件进行诊断

步骤 4：根据软件提示输入标准尺的长度，如图 5.25 所示。

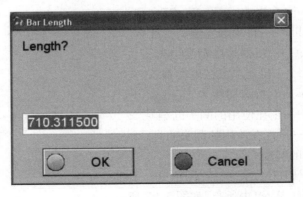

图 5.25　输入长度

步骤 5：测量 5 次长度，要求每次都摆动绝对臂，如图 5.26 所示。

第一次：肘在左边，前后两次翻转按键	第二次：肘在右边，前后两次翻转按键	第三次：肘在中间，前后两次翻转按键	第四次：按键向左，前后两次翻转肘部	第五次：按键向右，前后两次翻转肘部

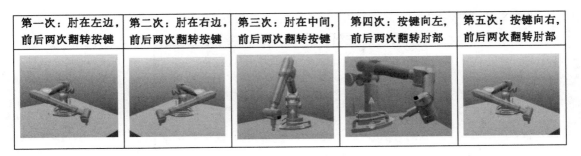

图 5.26　运转绝对臂

步骤 6：测量后，用 RDS 软件直接计算是否超差，如图 5.27 所示。

Calculation results — Standard Length Checkout

Measures	Value
Artefact Length	1015.9930
1-2	1015.9326
3-4	1015.8986
5-6	1015.8764
7-8	1015.8735
9-10	1015.9038
Minimum	1015.8735
Maximum	1015.9326
Average	1015.8970
min dev	-0.1195
max dev	-0.0604
Range/2	0.0296
Std.dev	0.0240

Validate　　Reexecute step

图 5.27　软件计算

步骤 7：点击"Validate"，进入单点重复精度检测，测量 10 个点后，直接计算出标准差数据，如图 5.28 所示。

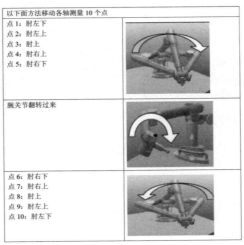

以下面方法移动各轴测量 10 个点

点 1：肘左下
点 2：肘左上
点 3：肘上
点 4：肘右上
点 5：肘右下

腕关节翻转过来

点 6：肘右下
点 7：肘右上
点 8：肘上
点 9：肘左上
点 10：肘左下

图 5.28　计算标准差数据

步骤8：点击"Validate"，进入标准球的检测，如图5.29所示。

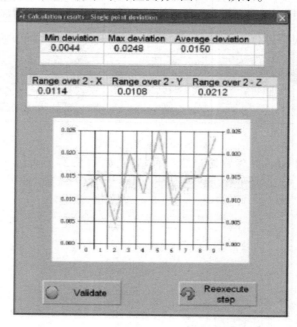

图5.29　标准球检测

5）标准球检测

步骤1：根据提示输入标准球的直径，如图5.30所示。

步骤2：使用以下方法测量九个点，如图5.31所示。

步骤3：RDS自动计算平均偏差，如图5.32所示。

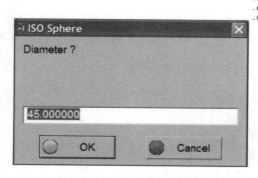

图5.30　输入标准球的直径

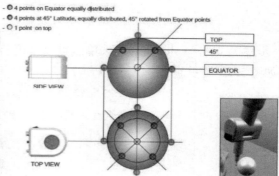

图5.31　测量九点

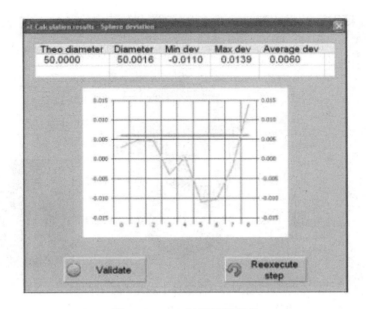

图 5.32　RDS 计算平均偏差

6)校准测头

步骤 1:右键点击任务栏中的 RDS 图标,选择"校准当前测头",如图 5.33 所示。

图 5.33　校准当前测头

步骤 2:将标准球放置于机器前方,如图 5.34 所示。

图 5.34　放置标准球

步骤3:根据采点要求,单次测量球9个点,重复4次,如图5.35所示。

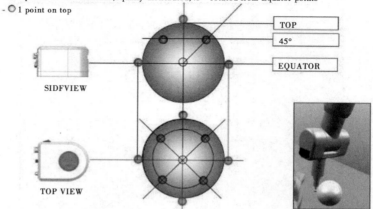

图5.35 测量球上的九个点

步骤4:根据采点要求,单次测量球9个点,重复4次"Average deviation"小于0.015,点击"Validate",如图5.36所示。

步骤5:点击"Yes"保存较准的测头参数,点击"No"放弃本次的校准结果,绝对臂校准完毕,如图5.37所示。

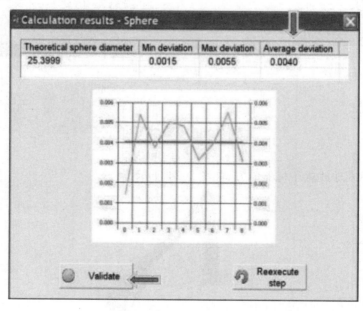

图5.36 平均偏差小于0.015

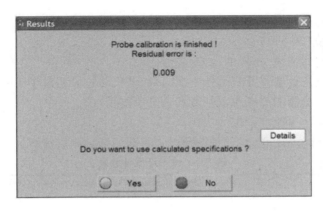

图 5.37 校准测头结果

（4）绝对臂的基本维护

1）日常维护

①保持设备的清洁。

②每月至少使用酒精擦拭测头一次，并使用无纺布擦拭所有部件的表面（图 5.38）。

③擦拭标准棒和标准球后，涂 WD40 防锈油（图 5.39）。

④每月至少检查连接电缆状态一次，用干净的布擦拭电缆。

⑤每月至少用酒精清洁机器的螺钉以及易生锈的部位一次，并检查螺钉的紧固状态。待酒精挥发后使用干净的棉布蘸防锈油擦拭螺钉及易生锈部位。

图 5.38 无纺布、工业酒精

图 5.39 WD40 防锈油

125

2)设备存放环境(表5.3)

①把测量设备放在通风、干燥的地方,注意防潮。

②一周至少给设备通电并开机运行一次,每次开机时长应超过半小时。

③每周检验一次机器的单点重复精度和长度重复精度。

④测量设备每年至少校准一次。

⑤测量工作进行时温度变化不能过于剧烈,否则会影响测量精度。

表5.3　设备环境参数表

设备环境参数	
设备的操作温度	10 ~ 40 ℃
电源要求	100 ~ 240 V
设备可旋转的幅度	105 rad
最大振幅	55 ~ 2 000 Hz
最大移动频率	6 m/s

3)注意事项

①测量时不能过于用力地压迫测头,用力过大可能会导致工件表面或测头产生变形,导致测量数据不精确。

②使用设备时手要握稳,应一只手扶腕部(EF 轴),另一只手扶测量设备的肘部(CD 轴),如图 5.40 所示。

③测量完成后把设备放回竖直状态并扣上安全锁以防设备摔倒。

图 5.40　握拿设备的方式

项目实训

项目名称	认识绝对臂	学时	2	班级	
姓名		学号		成绩	
实训设备	绝对臂测量机	地点	快速制造中心	日期	
训练任务	认识了解绝对臂并且能够对绝对臂进行校准				

★案例引入:

　　某客户需对汽车钣金件进行扫描测量,但因工件过大,使用之前所接触的扫描仪无法扫描完全,拼接易出现问题,那么应如何解决呢?

绝对臂工作示意图

★训练一:安装海克斯康绝对臂。

要求:①必须固稳在磁铁工作台上。

　　　②线缆连接正确。

★训练二:对海克斯康绝对臂进行校准。

要求:①严格按照标准化操作流程。

　　　②平均误差小于0.015mm。

★训练三:对海克斯康绝对臂进行基本维护。

　　要求:①擦拭标准棒和标准球。

　　　　②清洁绝对臂的表面。

　　　　③对绝对臂的易生锈部位涂抹防锈油。

★课外作业:

①尝试使用绝对臂对物体进行测量操作。

②预习下一章节的内容。

★5S工作:请针对自身清理整顿情况填空。

□ 所使用设备已按要求关机断电。

□ 工具器材已放至指定位置,并按要求摆好。

□ 已整理工作台面,桌椅放置整齐。

□ 已清扫所在场所,无废纸垃圾。

□ 门窗已按要求锁好,熄灯。

□ 已填写物品使用记录。

　　　　　　　　　　　　　　　　　　小组长审核签名:

绝对臂扫描操作

5.2　绝对臂扫描操作

5.2.1　绝对臂扫描的操作流程介绍

配备激光扫描头的关节臂式测量机 Infinite 系统可快速、高密度地对各种形状的物体进行表面数据的采集,对柔软物体(如纸和橡胶制品等)也方便采集,具有采集死角少、柔性好等优点。本节将对 Geomagic Qualify 软件的扫描方法进行讲解。

(1)物件的表面处理和着色

产品在数据采集之前需要进行表面的处理,清理干净所有要进行数据采集的表面才能得到高精度、有用的数据信息。原则上 Scan Works 扫描系统对模型没有着色的要求,但是如果扫描的模型是反射效果较为强烈的塑料、金属等材质,则 CCD 无法正确捕捉到反射回来的激光,无法正常进行扫描,特别是曲率变化较大的部位,更容易丢失数据。在这种情况下扫描时,可以通过喷施着色剂的方式来增强模型表面的漫反射,使 CCD 正常工作。Scan Works 采用的是 660 nm 的线光源,过强的环境光对测量会有一定的影响。实验中采用 DPT-5 着色渗透探伤型显影剂对产品进行均匀喷涂,如此处理会得到模型细节的完整数据。要用适当的夹具或水平平台将产品支持在一个合适的位置,并保证所有关节没有处于极限状态,产品的所有特征都可以被激光扫描到,这样才能使测量效果达到最佳。对于一些大型零件,不能一次性完成扫描时可通过多次扫描然后在软件中进行数据拼接的方式来操作。

(2)连接测量系统

将测量机主体安装在磁力底座或者固定架上,按照系统连接规范,用数据线(机器与电源连线、机器与控制器连线、机器与计算机连线、控制器与计算机连线、控制器与电源连线)将机器设备、计算机、控制器连接起来。各种数据线的接头和连接顺序要按照设备提供方的规范完成。连接完成后检查各种数据线,启动主机电源开关控制器,再启动计算机和相关程序。启动控制器开关预热后,当散光头开关旁边的 ready 指示灯亮时,就可以启动激光头开关进入初始化阶段了。

(3)扫描数据

把模型放在可扫描的范围之内,在扫描过程中不能移动物体。按下手持部位的红色按钮,激光发射器将发出线激光到物体表面,激光返回到接收器,通过关节臂数据传感器传输数据到控制器,然后传输到计算机界面,显示扫描的动态实时过程。在扫描过程中,关节臂的激光发射器与相应零件区域的距离应保持在 150 mm 左右,这样激光接收器才能更好地接收激光信息以使测量机达到最佳的数据传输状态。两者距离的远近,可通过距离探测显示和声音提示来判断。距离较远,发出的声音频率较高,声音会比较尖锐刺耳;距离较近时,声音频率低,声音比较低沉浑浊;距离合适时,发出的声音则比较清脆悦耳。因此可以根据距离探测显示条的位置和扫描时发出的声音来调整激光头和物体表面的距离,以得到最佳的扫描效果,一般绿色指示条显示在 1/2/3 位置为佳。

扫描数据时一般遵循的原则:沿着特征线走,沿着法线方向扫。从曲率变化较小的面开始,扫描完一个面再转至相邻面。在完成整个零件大部分的数据点后,可以暂停扫描或者停止扫描(手持部位的红色按钮:开始/暂停/继续扫描;白色按钮:停止扫描),在软件界面动态转动数据,从各个方位翻转扫描数据,通过软件界面显示屏,检查纰漏,之后对细节处进行补充扫描;根据显示来判断扫描的质量是否符合要求,并且可以针对点云残缺的部分进行进一步的扫描,如果有需要就点击手持部位的红色按钮继续扫描或者点击"追加扫描"图标继续扫描,其所得到的数据将追加到先前扫描的数据当中。

(4)保存并输出数据

.wrp 是 Geomagic 自带的种文件格式,此格式可以保存点云阶段、多边形阶段以及 Geomagic Studio 软件中经过形状阶段处理或者 Fashion 阶段处理等各个阶段的数据文件;其他保存的格式类型可以根据需要选取。

5.2.2　绝对臂扫描的操作流程

(1)绝对臂扫描的操作及方法

1)操作流程

①安装绝对臂;②RDS 检查机器精度;③校准测头;④扫描工件;⑤获取点云数据;⑥点云处理;⑦删除噪点;⑧测量偏差;⑨生成报告;⑩生成 PDF 文件。

2)扫描

①切换至激光扫描模式(图 5.41)。

②点击"扫描模式"进行扫描。

③按动扳机即可进行扫描(图 5.42)。

图 5.41　切换至激光扫描模式　　　　　　图 5.42　按动扳机

④握持扫描仪对准目标物体所需扫描的区域(图 5.43)。

⑤直至目标物体的特征扫描完整(图 5.44)。

⑥特征扫描完整后即可停止扫描(图 5.45)。

图 5.43　对准扫描区域

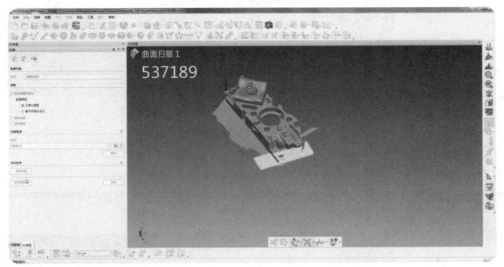

图 5.44　特征扫描完整

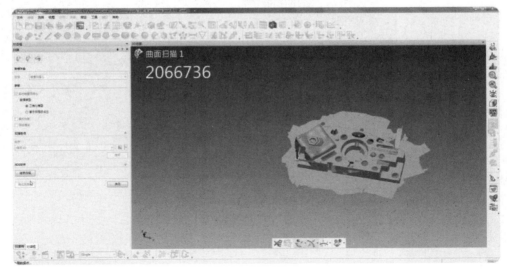

图 5.45　停止扫描

⑦显示参考文件进行扫描偏差分析（图5.46）。

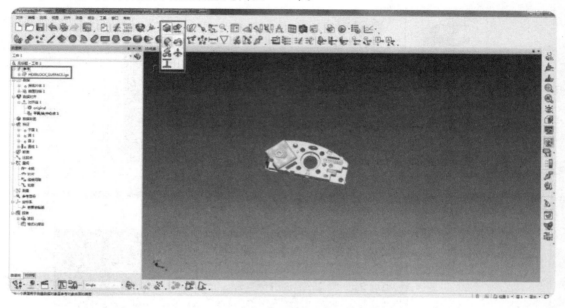

图5.46　扫描偏差分析

⑧点击"测量"开始分析（图5.47）。

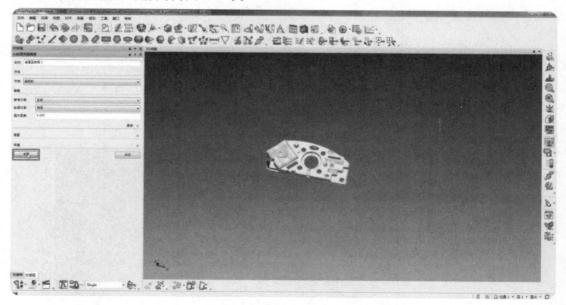

图5.47　测量

⑨点击项目检测栏,添加需要检测的内容(图 5.48)。

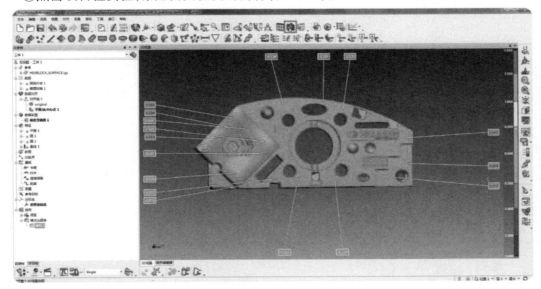

图 5.48　添加需要检测的内容

(2)影响测量精度的因素

1)误差表现形式(表 5.4)

表 5.4　误差主要表现形式

误差表现形式
①采集数据缺失或数据密度达不到要求;点云拟合难以达到要求的精度。
②对同一表面的数据的采集结果表现为多层点云;多出现于大型工件或透明工件的数据采集结果之中;
③单幅采集数据不准确,影响整体的测量精度。
④累计误差过大,使测量结果出现明显偏差。
⑤点云拼接错误,导致测量误差较大。
⑥测量结果中的粗大点(噪声)数据过多。

2)解决对策(表 5.5)

表 5.5　影响精度的解决对策

解决对策
①根据测量现场的条件、被测对象表面的形态及表面处理情况确定主光源的光强。
②在测量过程中若受到摇晃、碰撞,则需重新校准。
③测量过程应在通风、恒温、恒湿的环境中进行,避免在潮湿环境中测量。
④对于工件本身,若是黑色或透明件则需喷涂显像剂,否则扫描数据会出现残缺。
⑤数据对齐时需利用有共同标志点的特征,以减少累积误差,最后网格化处理。

项目实训

项目名称	绝对臂扫描操作	学时	2	班级	
姓名		学号		成绩	
实训设备	绝对臂测量机	地点	快速制造中心	日期	
训练任务	使用 ROMER 绝对臂扫描多特征工件				

★案例引入：

　　某客户要求使用海克斯康绝对臂对多特征工件进行扫描操作。

扫描工件

DEMO 块

★训练一：使用绝对臂的激光扫描模式进行零部件的扫描，并做出检测
分析报告。

要求：①扫描特征需完整。

　　　②需处理扫描的点云数据。

★课外作业：

①尝试使用绝对臂对物体进行测量操作。

②预习下一章节的内容。

★5S 工作：请针对自身清理整顿情况填空。

□ 所使用设备已按要求关机断电。

□ 工具器材已放至指定位置，并按要求摆好。

□ 已整理工作台面，桌椅放置整齐。

□ 已清扫所在场所，无废纸垃圾。

□ 门窗已按要求锁好，熄灯。

□ 已填写物品使用记录。

　　　　　　　　　　　　　　　　　　　　　　　　小组长审核签名：

绝对臂测量操作

5.3　绝对臂测量操作

5.3.1　绝对臂的测量方式

（1）绝对臂测量过程

1）手动测量及注意事项

手动测量特征是工件测量中最基本并且常用的测量方式,具有测量方法直接、界面简单的特点,在建立坐标系之前通常要用到手动测量。

2）常规元素测量（手动特征测量）

①术语解释

二维元素:如直线、圆、圆槽、方槽,在测量时必须指定投影平面,如果没有指定,那会默认为测量特征时的第一个点所在的位置为该投影平面。

工作平面（图5.49）:于关节臂测量机在构造中会用到。

投影平面:测量二维元素时的投影方向,即把元素投影到指定的平面上。

图5.49　工作平面

②测量元素所需要的最少的点数（表5.6）

表5.6　测量元素

测量特征	至少需要的点数	备注
点	1	
线	2	必须指定投影平面
面	3	
圆	3	必须指定投影平面
圆柱	6	
圆锥	6	
球	4	
圆槽	6	必须指定投影平面
方槽（长方形）	5	必须指定投影平面

手动测量特征的菜单如图5.50所示。

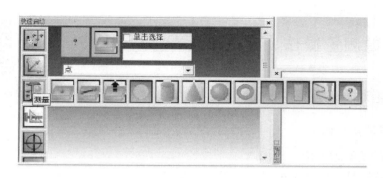

图 5.50 手动测量特征菜单

③测量点与测量模式(图 5.51、图 5.52)

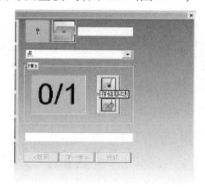

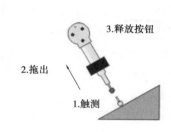

图 5.51 测量点   图 5.52 测量模式

选中上述"测量点"命令,在需要测量的地方接触,按中键采点,按右键完成测量。

点的测量可分为:仅点测量;Pull-hit 点测量;扫描点;有 CAD 模型情况下的可以选择查找理论值和仅点模式测量;自动测量矢量点。

测量操作:在需要测量的地方接触;扣动扳机进行点的采集;完成测量,点击确定;测量元素按照表格要求;导出. asc 文件。

④测量线(图 5.53)

图 5.53 测量线

　　选中上述"测量线"命令,选择好该直线所在的投影面。中键采点,右键完成测量。最少测量 2 个点。直线的矢量方向:第一个点指向最后一个点。

　　如果想测量直线 1,则需要先测量平面 1,然后将平面 1 作为投影平面的测量直线,如图5.54、图 5.55 所示。

图 5.54　测量直线

图 5.55　命令参数设置

⑤测量面(图 5.56)

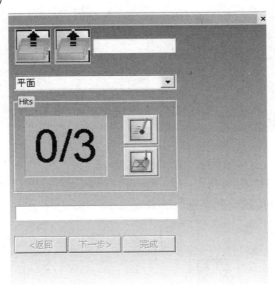

图 5.56　测量面

　　选中上述"测量面"命令,在需要测量的地方接触,按中键采点,按右键完成测量。最少测量三个点,面的矢量方向为沿着测头回退的方向(即平面的法线方向)。

⑥测量圆(图5.57)

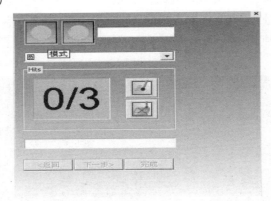

图5.57 测量圆

选中上述"测量圆"命令,在需要测量的地方接触,按中键采点,按右键完成测量。

在线、圆、槽等二维元素的测量中首先要选择投影面(如选择平面1)。

如图5.58所示,若想测量圆1,则需要先测量平面1,将平面1作为投影平面,然后再测量圆。

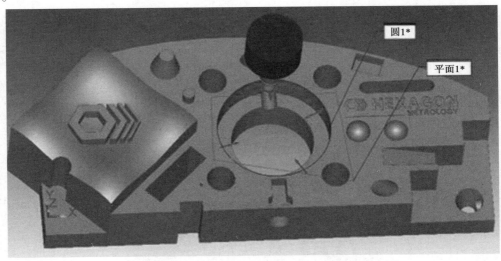

图5.58 测量圆

如果测量圆时测头直径比圆的直径大,可以选择测量单点圆,如图5.59所示。测量时需要先测量投影平面(与圆孔相交的平面),再将测头放到圆孔内,按一下中键,然后确定即可。

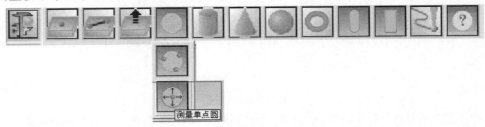

图5.59 测量单点圆

⑦测量圆柱(图5.60)

图 5.60　测量圆柱

在指定的地方测量至少6点以确定圆柱。圆柱的测量尽可能要使截面上的点体现出层差,圆柱是有矢量方向的,矢量方向是从起始圆指向终止圆。

⑧测量圆锥

在指定的地方测量至少6点以确定圆锥,应尽可能使截面上的点体现出层差,圆锥的矢量方向始终为锥尖部指向锥底部。

⑨测量球

在指定的地方测量至少4点以确定球。即赤道面3点,顶点1点。

⑩测量圆槽(图5.61)

在指定的地方测量5点以确定圆槽。

测量圆槽的时候也要选择圆槽的投影平面 `工作平面`,点的分布如图5.62所示(通常在竖直每侧采两点,在圆弧上各采1点。同理,也可以在每条圆弧上采3点)。

图 5.61　测量圆槽

图 5.62　圆槽测量方位

⑪测量方槽（图5.63）

在指定的地方测量5点的确定方槽。

测量圆槽时也要选择方槽的投影平面 工作平面 ，点的分布如图5.64所示（两个点在槽的长边上，其他的每个点分布在剩下的三条边上。这些点的采集必须沿着顺时针或者逆时针方向）。

图5.63　测量方槽　　　　　　　　图5.64　方槽测量方位

（2）测量时的注意事项

①对于二维元素的投影平面，有一定的平面度要求，如果平面度不好，会对所测量的二维元素有一定的影响。如圆的测量，如果投影平面的平面度不好，我们可以把圆当作圆柱来测量。

②在需要评价元素形状、公差的情况下需要适当的添加点，如果是圆柱和圆锥的测量，则需要添加测量的层数。

③上面所介绍的均为测量特征时所需的最少的点数，建议根据不同的特征增加相应的测量点，如测量圆，通常测4个点（如果圆的直径较大要适当加点）。

（3）自动测量特征

1）自动测量矢量点

在有数模的情况下，建立完坐标系后，选择测头模式中的"在CAD上查找理论值"和"仅点模式"按钮，可以实现实时跟数模的点做比较。如图5.65所示。

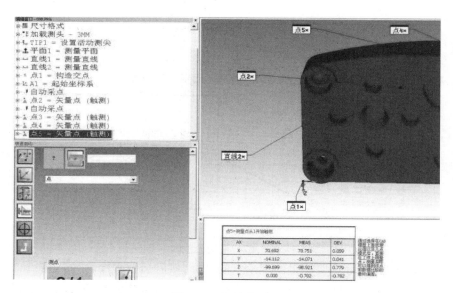

图 5.65　与数模对比

如果采点的时候弹出窗口,表明未找到曲面刺穿点。这时候按"F5"会出现查找公差的设置,这里的值是跟数模对比时能够搜索的范围,如图 5.66 所示。如果设置得过大,可能出现查找到另外地方错误的情况;如果设置得过小,可能会出现查找不到 CAD 数据的情况,所以这里应按需设置。

图 5.66　设置选项

在有理论数据的情况下做定点测量,此时要打开自动点触发模式并设置自动采点的公差值,如图 5.67 所示。

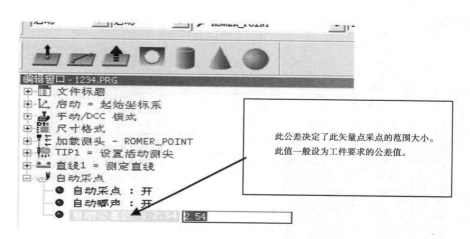

图 5.67　设置公差值

　　操作方法是,先定义好需要测量的理论点的坐标,然后运行程序,手持测头在工件表面索该点,当测头位置处于设定的理论值允许的公差范围内时,机器会自动采点,如图 5.68、图 5.69 所示。

图 5.68　自动采点

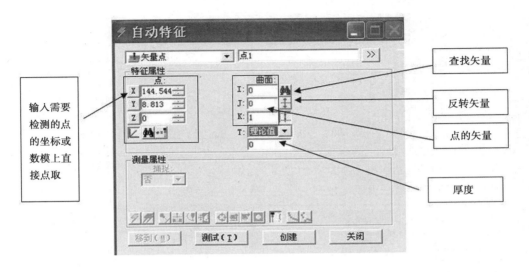

图5.69　自动特征

注释:

①点的矢量:测量点的半径补偿方向。

若是在数模上直接点取,此值会自动更新为此矢量点在当前数模下的矢量;在没有数模的情况下,此点的矢量可设置为接近于当前坐标系下的点的矢量。

②翻转矢量:若此点矢量的方向与实际相反,可点击此按钮进行矢量的翻转。

③查找矢量:此功能需要在有数模的情况下使用,即如果只提供了点的坐标值,点击此功能,其将会根据点所在的CAD数模区域,自动查找到正确的矢量。

④厚度:此功能一般在检测钣金件时需要用到,当提供的数模只有一面,而被检测的特征点在带有厚度的另外一面时,设置此厚度,理论或实际的数据会自动偏置一个距离。

2)自动测量圆

注释:

①样例点:样在采圆之前先在圆周围的面上采点,确定该圆的投影平面,在圆孔的投影面与测量平面一致的情况下可以使用该功能,否则可以设为0,仅使用曲面矢量进行投影。

②单点圆的测量要求:在测头直径大于测量的孔径的情况下,不能直接测出所需要的圆的直径或者是圆心坐标。在有倒角的情况下,测量精度会降低。

使用方法:打开"自动测量圆"窗口,将其中的参数设置为测量1个点,样例点为3。这样,执行测量,先在要测量的孔的上表面测量3个点,然后将测头放在孔上面测量一个点,这样就能得到想要的圆(圆心,直径等参数),如图5.70所示。

注:测量前注意把圆孔周边的毛刺去掉。

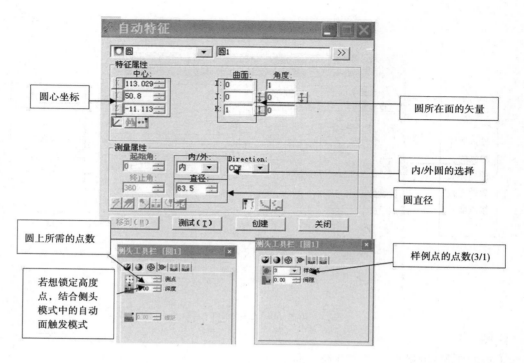

图 5.70　自动测量圆

3）自动测量圆柱

中心跟样例点所在面上的圆的中心一致。若样例点设置为 0，则最终的坐标为测量圆柱后的质心。自动测量圆柱窗口及测头工具栏如图 5.71、图 5.72 所示。

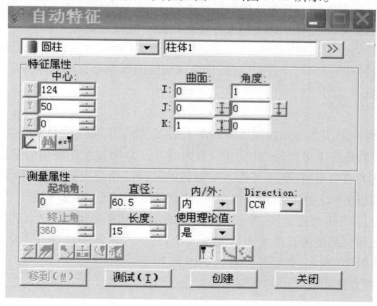

图 5.71　自动测量圆柱

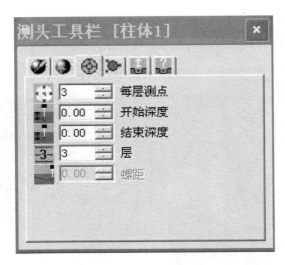

图 5.72　测头工具栏

4）自动测量圆锥

测量时,根据需要按理论值定义或先在数模上选择要测量的圆锥,设置好相应的参数后,执行该程序,以得到最终的结果。

5）自动测量球

测量时,根据需要按理论值定义或先在数模上选择要测量的球,设置好相应参数后,执行该程序,以得到最终的结果。

5.3.2　绝对臂测量的操作步骤

（1）扫描与测量结合操作

1）绝对臂特点

如图 5.73 所示为 ROMER 绝对臂,绝对臂主要特点如下：

图 5.73　ROMER 绝对臂

①接触式测量具有较高的准确性和可靠性。

②配合测量软件,可快速、准确地测量出物体基本的几何形状,如面、圆、圆柱、圆锥、圆球等。

③其缺点是测量费用高、探头易磨损。

2）建立坐标系

步骤 1：选取模型表面的平面，以此创建平面特征，如图 5.74 所示。

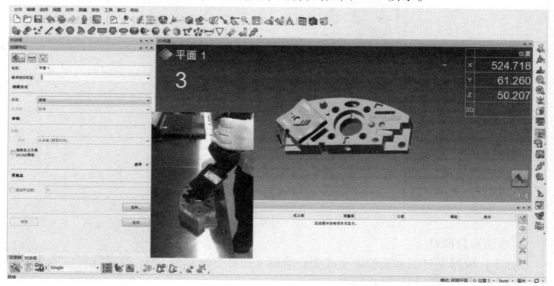

图 5.74　创建平面特征

步骤 2：选取模型的边角特征，以此创建直线特征，如图 5.75 所示。

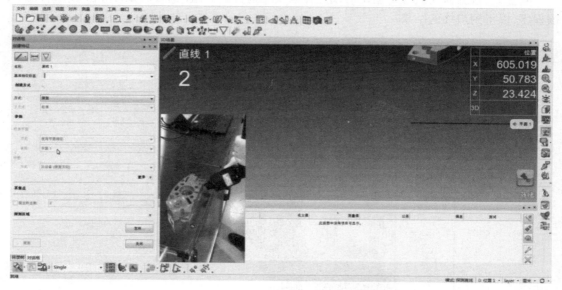

图 5.75　创建直线特征

步骤 3：以模型的两条相交直线特征来创建相交直线，如图 5.76 所示。

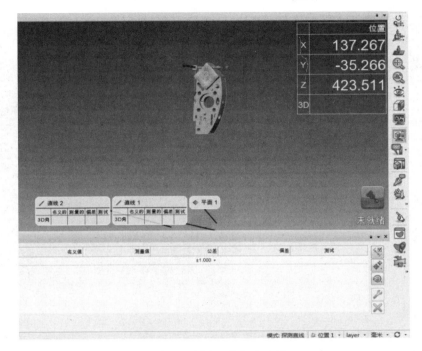

图 5.76　创建两条相交直线

步骤 4：可通过两条直线的相交处来创建相交点，如图 5.77、图 5.78 所示。

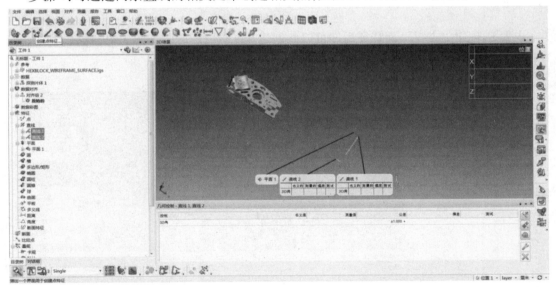

图 5.77　创建相交点

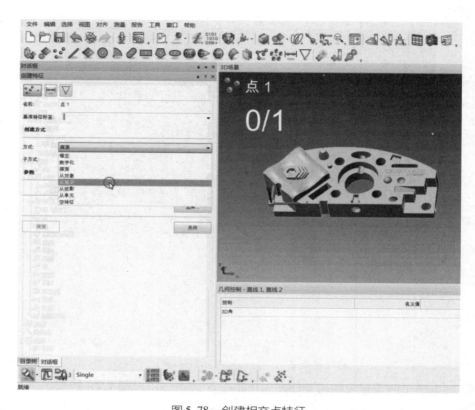

图 5.78　创建相交点特征

步骤 5：创建出点、线、面特征后即可以此创建基准点、线和面，如图 5.79 所示。

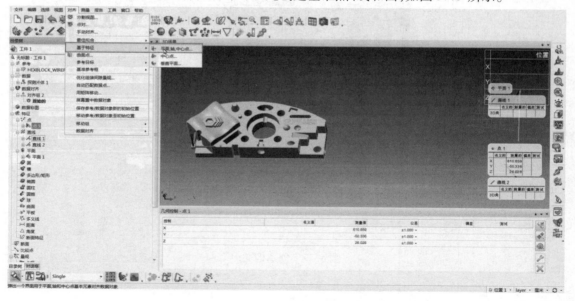

图 5.79　对齐基准点、线和面

（2）混合测量的特点

1）技术特点

①用一台设备高度整合了扫描功能和测量功能。

②既能实现高精度的接触式测量，也能进行高性能的 3D 激光扫描。

③采用绝对编码器，开机无须回零，无须预热。

④节省时间，只需一次校准即可保证扫描精度。

⑤有多种测头组件，方便狭小空间内的有效测量。

2）应用领域

①工业检测（图 5.80）。

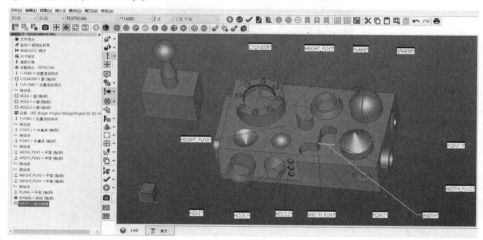

图 5.80　工业检测

②逆向工程（图 5.81）。

图 5.81　逆向工程

③文物修复(图 5.82)。

图 5.82　文物修复

④3D 数据对比检测(图 5.83)。

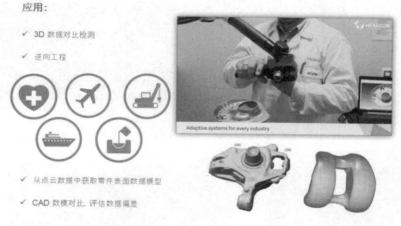

图 5.83　3D 数据对比检测

思政小故事

　　在平凡岗位上,也要追求职业技能的完美和极致,跻身"国宝级"技工行列,成为一个领域不可或缺的人才。胡双钱是典型代表之一,他创造了打磨过的零件百分之百合格的惊人纪录。在中国新一代大飞机 C919 的首架样机上,有很多老胡亲手打磨出来的"前无古人"的全新零部件。

大国工匠胡双钱

项目 **6**

熔融沉积成型（FDM）打印工艺与后处理

6.1 FDM 技术概述

FDM 技术概述

6.1.1 3D 打印概念

（1）3D 打印技术的基本原理

3D 打印技术（3D Printing, 3DP）属于快速成型技术, 也称增材制造（Additive Manufacturing, AM）, 是对零件的三维 CAD 实体模型按照一定的厚度进行分层、切片处理, 生成二维的截面信息, 然后根据每一层的截面信息, 利用激光束、电子束、热熔喷嘴等方式将粉末、热塑性材料等特殊材料逐层进行的堆积、黏结, 最终叠加成型。将这一过程反复进行, 各截面层层叠加, 最终形成三维实体。分层的厚度可以相等, 也可以不等。分层越薄, 生成的零件精度越高, 采用不等厚度分层的目的在于加快成型的速度, 成型过程流程图如图 6.1 所示。

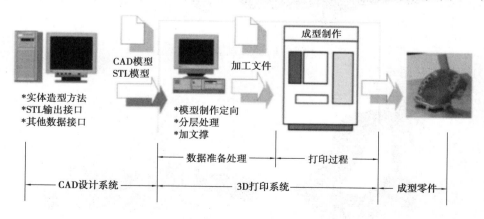

图 6.1 3D 打印流程图

(2)3D打印技术的应用

3D打印技术在珠宝、鞋类、工业设计、汽车、航空航天、牙科和医疗产业、教育、地理信息系统、土木工程、枪支以及其他领域都有所应用。

1)建筑设计(图6.2)

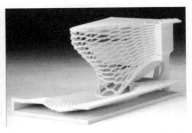

图6.2　建筑设计应用

2)医疗行业(图6.3)

图6.3　医疗行业应用

3)汽车制造业(图6.4)

图6.4　汽车制造业应用

4)产品原型(图6.5)

图6.5　产品原型应用

5）配件、饰品（图6.6）

图6.6 配件、饰品应用

6.1.2 FDM 原理及应用

（1）FDM 工艺原理

熔融挤压（Fused Deposition Modeling,FDM）是将丝状原料通过送丝部件送入热熔喷头，然后在喷头内被加热融化，之后在电脑控制下喷头会沿着零件截面的轮廓和填充轨迹运动，将半流动状态的材料送到指定位置并使其最终凝固，同时与周围材料黏结，按照这个程序有选择性地逐层熔化与覆盖，最终形成成品，如图6.7所示。

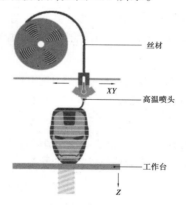

丝材

XY ——— 高温喷头

工作台

Z

图6.7 FDM 工作原理图

成型过程主要包括设计三维模型、三维模型的近似处理、STL 文件的分层处理、造型及后处理，如图6.8 所示。

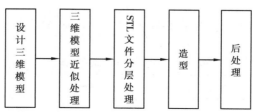

设计三维模型 → 三维模型近似处理 → STL文件分层处理 → 造型 → 后处理

图6.8 FDM 成型过程

（2）FDM 技术打印材料

材料是 3D 打印技术的关键所在,对于 FDM 来说也不例外,FDM 系统的材料主要包括成型材料和支撑材料,成型材料主要为热塑性材料(如图 6.9 所示),包括 ABS、PLA、人造橡胶、石蜡等;支撑材料目前主要为水溶性材料。FDM 采用的是热塑成型的方法,丝材要经受"固态—液态—固态"的转变,因此其对材料的特性、成型温度、成型收缩率等有着特定的要求。线材线径常规为 1.75 mm 和 3 mm。

图 6.9　FDM 打印线材

1)成型材料

成型材料是利用 FDM 技术实现 3D 打印的载体,FDM 技术对其黏度、熔融温度、黏结性、收缩率等均有较高的要求,具体如表 6.1 所示。

表 6.1　FDM 技术对成型材料的要求

性能	具体要求	原因
黏度	低	材料的黏度低、流动性好,阻力就小,有助于材料顺利挤出。若材料的流动性差,则需要很大的送丝压力才能挤出,会增加喷头的启停响应时间,从而影响成型精度
熔融温度	低	熔融温度低可以使材料在较低温度下挤出,有利于提高喷头和整个机械系统的寿命;可以减少材料在挤出前、后的温差,减少热应力,从而提高原型的精度
黏结性	高	FDM 工艺是基于分层制造的一种工艺,层与层之间往往是零件强度最薄弱的地方,黏结性的好坏决定了零件成型以后的强度。黏结性过低,有时在成型过程中因热应力会造成层与层之间的开裂
收缩率	小	喷头内部需要保持一定的压力才能将材料顺利挤出,且挤出后材料丝一般会发生一定程度的膨胀,如果材料收缩率对压力比较敏感,会造成喷头挤出的材料丝直径与喷嘴的名义直径相差太大,影响材料的成型精度。FDM 成型材料的收缩率对温度不能太敏感,否则零件会产生翘曲、开裂

根据上述特性,目前市场上主要的 FDM 成型材料包括 ABS、PC、PP、PLA、合成橡胶等,如表 6.2 所示。

表 6.2　FDM 常用的成型材料

名称	成型温度/℃	材料耐热温度/℃	收缩率/%	外观	性能
ABS	200~240	70~110	0.4~0.7	浅象牙色	强度高、韧性好、抗冲击;耐热性适中

续表

名称	成型温度/℃	材料耐热温度/℃	收缩率/%	外观	性能
PLA	170～230	70～90	0.3	有较好的光泽性和透明度	可降解,良好的抗拉强度和延展性;耐热性不好
PC	230～320	130左右	0.5～0.8	多为白色	高强度、耐高温、抗冲击、耐水解;稳定性差
蜡丝	120～150	70左右	0.3左右	多为白色	无毒害,表面光洁度及质感较好,成型精度较高;耐热性较差
合成橡胶	160～230	70左右	0.3左右	柔软	具有高弹性、绝缘性、气密性、耐油、耐高温或低温等性能

2)支撑材料

支撑材料,顾名思义,是在3D打印过程中对成型材料起到支撑作用的部分,在打印完成后,支撑材料需要进行剥离,因此也要求其具有一定的性能。目前采用的支撑材料一般为水溶性材料,即在水中能够溶解,方便剥离。具体特性要求如表6.3所示。

表6.3　FDM常用的支撑材料

性能	具体要求	原因
耐温性	耐高温	由于支撑材料要与成型材料在支撑面上接触,所以支撑材料必须能够承受成型材料的高温,且在此温度下不产生分解与融化
与成型材料的亲和性	与成型材料不浸润	支撑材料是加工中采取的辅助手段,在加工完毕后必须去除,所以支撑材料与成型材料的亲和性不应太好
溶解性	具有水溶性或者酸溶性	对于具有很复杂的内腔、孔等的原型,为了便于后处理,可通过支撑材料在某种液体里溶解的性能而去除支撑。由于现在FDM使用的成型材料一般是ABS工程塑料,该材料一般可以溶解在有机溶剂中,所以不能使用有机溶剂,目前已开发出了水溶性的支撑材料
熔融温度	低	较低的熔融温度可以使材料在较低的温度下挤出,提高喷头的使用寿命
流动性	高	由于对支撑材料成型精度的要求不高,且为了提高机器的扫描速度,要求支撑材料要具有很好的流动性,因此其黏性可以差一些

FDM对支撑材料的具体要求是:能够承受一定的高温、与成型材料不浸润、具有水溶性或者酸溶性、具有较低的熔融温度、流动性要好等。

(3)FDM的优点及存在的问题

与其他的3D打印技术路径相比,FDM具有成本低、原料广泛等优点,但同样也存在成型精度低、支撑材料难以剥离等缺点。

1）具有的优点

①成本低：FDM 技术不采用激光器，设备运营、维护成本较低，而其成型材料也多为 ABS、PC 等产用工程塑料，成本同样较低，因此目前桌面级的 3D 打印机多采用 FDM 技术路径。

②成型材料范围较广。通过上述分析我们知道，ABS、PLA、PC、PP 等热塑性材料均可作为 FDM 路径的成型材料，这些都是常见的工程塑料，易于取得，且成本较低。

③环境污染较小。在整个过程中只涉及热塑材料的熔融和凝固，且在较为封闭的 3D 打印室内进行，不涉及高温、高压，没有有毒、有害物质排放，因此环境友好程度较高。

④设备、材料体积较小。采用 FDM 路径的 3D 打印设备的体积较小，耗材也是成卷的丝材，便于搬运，适合于办公室、家庭等环境的使用。

⑤原料利用率高。没有使用或者使用过程中废弃的成型材料和支撑材料可以进行回收、加工再利用，能够有效提高原料的利用效率。

⑥后处理相对简单。目前采用的支撑材料多为水溶性材料，剥离较为简单。其他技术路径的后处理往往还需要进行固化处理，需要其他辅助设备，FDM 则不需要。

2）存在的缺点

①成型时间较长。由于喷头运动是机械运动，成型过程中速度会受到一定的限制，因此一般成型时间较长，不适于制造大型部件。

②精度低。与其他的 3D 打印路径相比，采用 FDM 路径生产的成品的精度相对较低，表面有明显的纹路。

③需要支撑材料。在成型过程中需要加入支撑材料，在打印完成后要对其进行剥离，对于一些复杂构件来说，剥离存在一定的困难。另外，随着技术的进步，一些采用 3D 打印的厂家已经推出了不需要支撑材料的机型，该缺点正在被逐步克服。

（4）与其他的 3D 打印技术的对比

与 SLA、SLS、SLM 等成熟的 3D 打印技术相比，FDM 具有自己的特点。总体来说，FDM 技术适合于对精度要求不高的桌面级 3D 打印机，其易于推广，市场空间也较大。

项目实训

项目名称	FDM 技术概述		学时		班级	
姓名			学号		成绩	
实训设备			地点		日期	
训练任务			了解 3D 打印原理,了解 FDM 打印原理			

★工程案例引入:

　　小明最近在设计制作一款多孔位排插产品,需使用 3D 打印制造样品进行验证,但是小明对 3D 打印方面的技术完全不了解,需要你进行技术指导。指导小明了解 3D 打印技术,如何选择、应用 3D 打印技术。

提出问题:3D 打印的优势是什么? 3D 打印的原理是什么?

★训练一:查阅 3D 打印的相关资料。

①列举目前常见的 3D 打印技术。

②列举 3D 打印与 2D 打印的异同点。

③填写下面表格常见的 3D 打印技术,3D 打印与 2D 打印的相同点、不同点。

常见的 3D 打印技术:
3D 打印与 2D 打印的相同点:
3D 打印与 2D 打印的不同点:

★训练二：

列举 FDM 打印的优缺点并填写下表。

序号	优点	缺点
1		
2		
3		
4		

★课后作业：

①了解更多的 3D 打印工艺。

②简单描述 FDM 的原理。

③列举 3D 打印与 2D 打印的异同点。

④预习下一章节。

★5S 工作：请针对自身清理整顿情况填空。

□ 打印设备返回参考点，清理卫生，按要求关机断电。

□ 工具器材已放至指定位置，并按要求摆好。

□ 已整理工作台面，桌椅放置整齐。

□ 已清扫所在场所，无废纸垃圾。

□ 门窗已按要求锁好，熄灯。

□ 已填写物品使用记录。

小组长审核签名：

6.1.3 设备结构

FDM 制造系统包括硬件系统、软件系统,硬件系统主要指 3D 打印机本身。一台利用 FDM 技术的 3D 打印机包括工作平台、送丝装置、加热喷头、储丝设备和控制设备五大部分。下面以北京太尔时代科技有限公司 UP2 成型设备为例来介绍 FDM 快速成型系统,如图 6.10 所示。

图 6.10 太尔时代 UP2

设备的主要参数:

成型平台的尺寸: $140 \times 140 \times 135$ mm。

打印精度: 0.15/0.20/0.25/0.30/0.35/0.40 mm。

打印喷头:单喷头。

喷嘴直径:0.4 mm。

(1)机械系统

UP2 机械系统包括运动、喷头、成形室、材料室、控制室和电源室等单元。其机械系统采用了模块化设计,各个单元互相独立。如运动单元只完成扫描和升降的动作,而且整机的运动精度只取决于运动单元的精度,与其他单元无关。因此,每个单元可以根据其功能、需求,采用不同的设计。运动单元和喷头单元对精度的要求较高,其部件的选用及零件的加工要特别考虑。电源室和控制室加装了屏蔽设施,具有防干扰和抗干扰的功能。

基于 PC 总线的运动控制卡能实现直线、圆弧插补和多轴联动。PC 总线的喷头控制卡用于完成喷头出丝的控制,具有超前于滞后动作的补偿功能。喷头控制卡与运动控制卡能够协同工作,即通过运动控制卡的协同信号控制喷头的启停和转向。

制造系统配备了三套独立的温度控制器,分别检测与控制成形喷嘴、成形室的温度。为了适应控制系统长时间连续工作、高可靠性的要求,整个控制系统采用了多微处理机二级分布式集散控制结构,各个控制单元具有故障诊断和自我修复功能,从而使故障的影响局部化。由于采用了 PC 总线和插板式结构,因而系统具有组装灵活、扩展容量大、抗干扰能力强等优点。

该系统的关键部件采用了喷头的结构。喷头内的螺杆与送丝机构用可沿 R 方向旋转的同一步进电机驱动,当外部的计算机发出指令后,步进电机驱动螺杆,同时,又通过同步齿形带传动与送料辊将料丝送入成形头。在喷头中,由于电热棒的作用,丝料呈熔融状态,并在螺杆的推挤下,通过铜质喷嘴涂覆在工作台上。

（2）软件系统

软件系统包括几何建模和信息处理两部分。几何建模单元是设计人员借助于 CAD 软件构造产品的实体模型或者由三维测量仪（CT、MRI 等）获取的数据重构产品的实体模型，最后以 STL 格式输出原形的几何信息。

信息处理单元由 STL 文件处理、工艺处理、数控、图形显示等模块组成，分别完成 STL 文件错误数据检验与修复、层片文件生成、填充线计算、数控代码生成和对成形机的控制。其中，工艺处理模块根据 STL 文件判断之间成型过程是否需要支撑，如需要则需要进行支撑结构设计与计算，并以 CLI 格式输出产生分层 CLI 文件。

（3）供料系统

UP2 成形系统要求成形材料为 $\phi1.75$ mm 的丝材，并且凝固收缩率较低、陡的黏度曲线和一定的强度、硬度、柔韧性。一般的塑料、蜡等热塑性材料经过适当改性后都可以使用。目前已经成功开发了多种颜色的精密铸造用蜡丝、ABS 塑料丝等。

6.1.4 设备选择

（1）FDM 机器分类

主流的 FDM 3D 打印机按照传动方式主要分为 3 种：XYZ 型、CoreXY 型和三角型。

1）XYZ 型

XYZ 型 3D 打印机的特点是三轴传动互相独立：三个轴分别由三个步进电机独立控制（有些机器 Z 轴是两个电机，传动同步作用）。

总体来说，XYZ 结构清晰简单，独立控制的三轴，使得机器稳定性、打印精度和打印速度能维持在比较高的性能。

2）CoreXY 型

CoreXY 结构是由 Hbot 结构改进来的。Hbot 结构的主要优点，速度快，没有 X 轴电机一起运动的负担，还有就是可以做得更小巧，打印面积占比更高如图 6.11 所示。

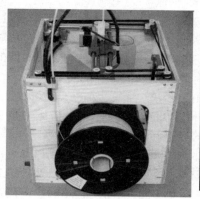
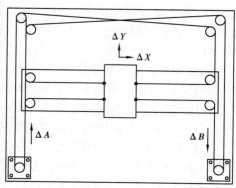

图 6.11 CoreXY 传动示意图

两个传送皮带看上去是相交的，其实是在两个平面上，一个在另外一个上面。而在 X、Y 方向移动的滑架上则安装了两个步进马达，使得滑架的移动更加精确而稳定。

3）三角形

三角型也叫并联臂结构。是一种通过一系列互相连接的平行四边形来控制目标在 X、Y、

Z轴上的运动的机械结构,很多创客在设计自己的3D打印机是借鉴了这种三角并联式机械臂的特点,于是就出现了如今我们常见的外形接近三角形柱体的三角式3D打印机,玩家们称之为三角洲打印机,如图6.12所示。

采用三角型能设计出打印尺寸更高的3D打印机。三轴联动的结构,传动效率更高,速度更快。但是由于三角的坐标换算是采用插值的算法,弧线是用很多条小直线进行插值模拟逼近的,小线段的数量直接影响着打印的效果,造成三角的分辨率不足打印精度相对略有下降。

图6.12　三角型

(2)FDM机器挤出机分类

FDM机器挤出机有两种类型:近程挤出机和远程挤出机。

1)近程挤出机

一般挤出机和步进电机安装在喷头上,直接给喷头送料如图6.13所示。

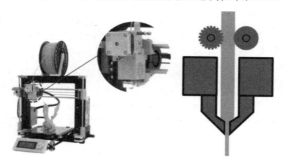

图6.13　FDM机器近程挤出

近程挤出机优缺点如表6.4所示。

表6.4　近程挤出机优缺点

名称	优点	缺点
近程挤出机	1.对送料量的控制比远程挤出更精确,回抽更精准 2.对挤出步进电机的力矩要求相对低些 3.换料方便	1.喷嘴热端、挤出机、步进电机、散热风扇等集成在一起,拆装维护不方便 2.喷头较重,尤其是双喷头打印机,运动时惯性大,加速减速相对困难,因此要用较低的打印速度以保证精度 3.较重的喷头对光轴或导轨的压力更大,长时间容易将其压弯,通常表现为喷头在光轴中部时比在两边更低,这样将很难对平台进行调平

2)远程挤出机

一般挤出机和步进电机安装在机器外壳上,通过特氟龙管远程给喷头送料如图6.14所示。由于送料距离过远一旦使用弹性耗材就会导致无法正常输送材质的情况出现,远程挤出方式的3D打印机一般都不能支持弹性材质的打印。

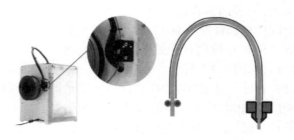

图 6.14　远程挤出机

远程挤出机优缺点如表 6.5 所示。

表 6.5　远程挤出机优缺点

名称	优点	缺点
远程挤出机	1.喷头质量轻,惯性小,移动定位更精准 2.喷头移动速度可达 200 ~ 300 mm/s,因此其打印速度也可以非常快 3.喷头和挤出机分离,方便维护	1.送料距离远,阻力较大,要求负责挤出的步进电机有更大的力矩 2.挤出机与喷头需要用特氟龙管和气动接头连接,相对于近程挤出更容易出现故障 3.耗材和特氟龙管有一定弹性,再加上一般气动接头也有一定活动空间,所以导致需要的回抽距离和速度更大,不如近程挤出回抽精准 4.挤出机与喷嘴距离较长,因此送料管中的那一段耗材比较难用尽 5.换料不是很方便,尤其是使用打印过程中不暂停,新料顶老料的换料方法,料头在送料管中时无法回抽

（3）FDM 高温打印

1）高温打印机性能要求

FDM 高温打印对机器整体性能要求较高,很多元器件需要承受在高温的环境下工作,尤其是高温喷头如图 6.15 所示。高温喷头的作用:是融化挤出机送入的耗材(塑料、尼龙或其他可融化为流体的材料),并将其挤出,用于 3D 打印的叠加成型。比普通的喷头温度要高,用于打印 Peek、尼龙等高温材料。它类似喷墨打印机中的墨盒和喷嘴,是 3D 打印机的重要部件。

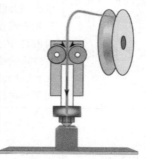

图 6.15　高温喷头

2）高温打印的要求

高温喷头 ⇄ 打印机工作仓恒温 ⇄ 高温材料头

①保持打印空间内的温度稳定,有助于减少打印物件的翘边问题。

②可防止3D打印途中不小心碰到打印中的物件或受到其他外边环境的干扰。

③由于高温材料收缩率比较高,保持稳定的室温会有助打印的质量。

（4）设备选择

在进行3D打印前,需要根据准备打印的产品的各项参数选择合适的3D打印机。以表中三个模型为例,花瓶适合使用开放式打印机;零件盒适合使用全封闭打印机;大力神杯适合使用三角形打印机,如表6.6所示。

表6.6　打印机的选择

产品名称	图片	产品信息	打印机
花瓶		产品大小:80 mm×60 mm×110 mm 材料:PLA	开放式打印机
零件盒 （大平面）		产品大小:120 mm×120 mm×50 mm 材料:ABS 底座要求水平	全封闭打印机
大力神杯 （塔类）		产品大小:240 mm×300 mm×50 mm 材料:PLA	三角形打印机

项目实训

项目名称	FDM 设备的选择	学时		班级	
姓名		学号		成绩	
实训设备		地点		日期	
训练任务	辨别 FDM 打印机的结构,根据要求选择合适的 FDM 设备				

★工程案例引入:

　　小明最近在设计制作一款多孔位排插产品,需使用 3D 打印制造样品进行验证,在你的指导下,小明对 3D 打印技术有了一定的了解,也为自己设计的产品选择了合适的工艺,但是他想对 3D 打印机器想有多一些的了解,所以小明又找到你,向你求助。

提出问题:这些零件应该使用怎样的 3D 打印机制作? 如何选择合适的 3D 打印机?

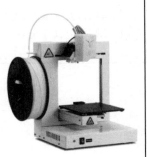

FDM 打印机

★训练一:

①简述 3D 打印机的结构组成。

②简述 3D 打印机各部分的作用。

③填写下面表格。

3D 打印机的结构组成:
3D 打印机各部分的作用:

★训练二:

①列举选择 3D 打印机要点。

②为多孔位排插模型选择合适的 3D 打印机。

模型	打印机类型
选择 3D 打印机要点:	

★课后作业：

①简述3D打印机的结构和各部分的作用。

②为多孔位排插产品选择3D打印机并说明理由。

③预习下一章节。

★5S工作：请针对自身清理整顿情况填空。

□ 打印设备返回参考点，清理卫生，按要求关机断电。

□ 工具器材已放至指定位置，并按要求摆好。

□ 已整理工作台面，桌椅放置整齐。

□ 已清扫所在场所，无废纸垃圾。

□ 门窗已按要求锁好，熄灯。

□ 已填写物品使用记录。

小组长审核签名：

6.2　模型检查与修复

6.2.1　STL 文件及生成 STL 文件

STL(标准三角语言)是 3D 打印的行业标准文件类型。它使用一系列三角形来表示实体模型的表面。在三维建模设计软件(如 UG、Pro/E、Solidworks、Rhino、3ds Max、ZBrush 等)中获得描述该零件的 CAD 文件,如图 6.16 所示的三维零件,在输出格式为 STL 的数据模型。然后通过称为"切片"的过程将 3D 模型转换为机器语言(G 代码)并准备打印。

图 6.16　零件的三维模型

(1)三维模型的面型化处理

目前 3D 打印支持的文件输入格式为 STL 模型,STL 文件标准是美国 3D Systems 公司于 1988 年制定的一个接口协议。STL 模型所描述的是一种空间封闭的、有界的、正则的唯一表达物体的模型,通过专用的分层程序将三维实体模型分层,也就是对实体进行近似处理,即所谓面型化(tessallation)处理,适用平面近似模型表面分层。如图 6.17 所示,分层切片实在选定了制作(堆积)方向后,对 CAD 模型进行二维离散,获取每一薄层的截面轮廓信息。这样处理的优点是大大地简化了 CAD 模型数据的信息,更便于后续的分层制作。由于它在数据处理上比较简单,而且与 CAD 系统无关,所以 STL 数据模型很快发展为 3D 打印制造领域中 CAD 系统与 3D 打印设备之间数据交换的标准格式。

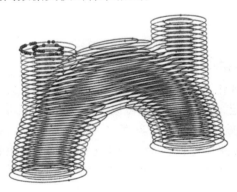

图 6.17　零件被分层离散

面型化处理,是通过一簇平行面,沿制作方向将 CAD 模型相切,所得到的截面脚线就是薄层的轮廓信息,而填充信息是通过一些判别准则来获取的。平行平面之间的距离就是分层的厚度,也就是成型时堆积的单层厚度。在这一过程中,由于分层破坏了切片方向 CAD 模型表面的连续性,不可避免地丢失了模型的一些信息,导致零件的型面精度。分层切片后所获得的每一层信息就是该层片上下轮廓信息及填充信息,而轮廓信息由于是用平面与 CAD 模型的 STL 文件(面型化后的 CAD 模型)求交获得的。所以,分层所得到的模型轮廓线已经是近似的,而层层之间的轮廓信息已经丢失,层厚度越大,丢失的信息多,导致在成型过程中产生的型面误差越大。综合所述,为提高零件精度,应该考虑更小的切片层厚度。

(2)层截面的制造与累加

根据切片处理的截面轮廓,单独分析处理每一层的轮廓信息。面试有一条条线构成的,编译一系列后续数控指令,扫描线成面。为 3D 打印机器提供关于零件制造详细资料。如图 6.18 所示,显示了在熔融挤压成型中一个截面喷头的工作路径。在计算机控制下,3D 打印系统中的打印头(激光扫描头、喷头、切割刀等)在 X-Y 平面内自动按截面轮廓进行层制造(如激光固化树脂、烧结粉末材料、切割纸材料等),得到一层层截面。每层截面成型后,下一层材料被送至已打印的层面上,进行后一层的打印,并与前一层相黏结,从而一层层的截面累加叠合在一起,形成三维零件。打印后的零件原型一般要经过打磨、涂挂或高温烧结处理(不同的工艺方法处理工艺也不同),进一步提高其强度。

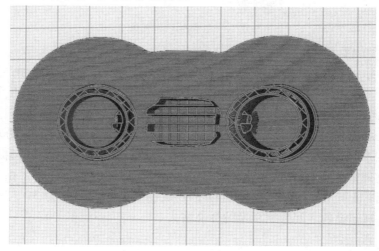

图 6.18 截面轮廓

(3)主流的设计软件数据转化

三维软件技术以其直观化、可视化等优点在许多行业的概念设计、产品设计、产品制造、产品装配等方面都应用广泛,应用三维软件可以产品的质量、成本、性能、可靠性、安全性等得到改善。目前市场上三维软件可谓是种类繁多,如 UG、Pro/E、Solidworks、Rhino、3ds Max 、ZBrush 等,每款三维建模软件在建模方面都有自己的特色,本书挑选应用较为普遍的 UG、3DS Max、ZBrush 的软件进行介绍。

1)UG 软件数据转化 STL 格式

①流程。选择菜单栏的"文件"→"导出"→"STL…"菜单。

②参数设置。如图 6.19 所示,在弹出的"快速成形"对话框中,STL 文件默认输出类型是二进制文件,将"三角公差""相邻公差"的偏差控制数值修改为 0,点击"确定"按钮。这时系统会提示输入 STL 文件名,在文件对话框中输入文件名之后,文件对话框中点击"确定"按钮完成文件名输入。

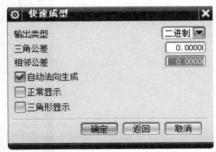

图 6.19　STL 对话框

③输出。用选择要输出的实体,这时被选择的实体会改变颜色以示选中,点击确定完成。某 CAD 模型用 UG 进行 STL 输出最终形成的三角形化的结果,如图 6.20 所示。

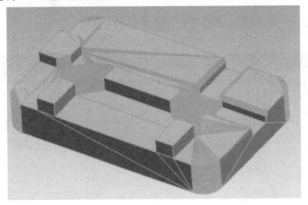

图 6.20　CAD 模型 STL 输出时三角形化的结果

2)3DS Max 软件数据转化 STL 格式

①点击要转出的零件→点击左上角图标→导出→导出。

②选择保存目录→输入文件名→保存类型选择 STL→保存,如图 6.21 所示。

图 6.21　保存类型

③导出 STL 文件对话框中,选择二进制→确定。

需要注意的是,在用该软件设计时,尽量采用实体进行设计,因为在后续 STL 数据处理工作中,如果是片体会因为没有厚度和质量而无法进行后续工作。如果已经用片体设计完成了,导出后需要用其他软件进行加厚,加厚时可能出现的交叉现象也需要处理,以免影响整体外观形态。

3)ZBrush 软件数据转化 STL 格式

①点击上方菜单栏中的 Zplugin→单位选择 mm→点击 STL,如图 6.22 所示。

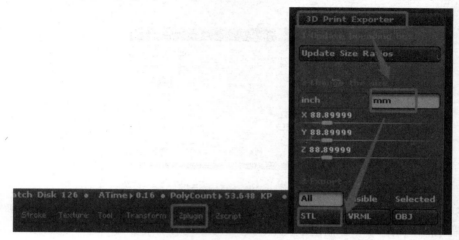

图 6.22　Zplugin 导出 STL

②选择保存目录→输入文件名→保存类型选择 STL→保存,如图 6.23 所示。

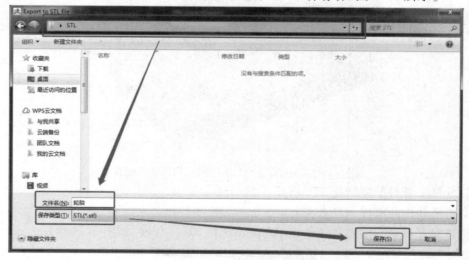

图 6.23　Zplugin 保存类型

6.2.2　STL 文件检查与修复

（1）Magics 软件简介

Magics 21 是一款对 STL 文件进行编辑修改、缝补的软件,具有如下功能:

①三维模型的可视化。在 Magics21 中可直观观察 STL 零件中的任何细节;并能对模型进行测量、标注等。

②STL 文件错误自动检查和修复。

③RP 工作的准备功能。Magics 21 除能直接打开 STL、DXF、VDA、IGES、STEP 格式文件之外,还能够接受 UG、Pro/E、Solidworks、Rhino、3ds Max 、ZBrush 等系统文件以及 ASC 点云文件和 SLC 层文件,并将非 STL 文件转换为 STL 文件。

④能够将多个零件快速放到加工平台上,并从库中调取各种不同 RP 成形机的参数,进行参数设置和修改。底部平面功能能够将零件转为所希望的成形角度。

⑤分层功能。可将 STL 文件切片,同时输出不同的文件格式(SLC、CLI、F&S 和 SSL 格式),并执行切片校验。

⑥STL 操作。可直接对 STL 文件进行编辑和修改,具体操作包括移动、旋转、镜像、阵列、拉伸、偏移、分割、抽壳等功能。

⑦ 支撑设计模块。能自动设计多种形式的支撑。例如可设置点状支撑,点状支撑容易去除,并易于保证支撑面的光洁。

(2)Magics 检查分析与自动修复

①启动 Magics21 软件,导入 STL 文件(图 6.24)。

图 6.24　导入文件

②选择"修复"菜单,选中模型,点击"修复向导"。

③在"修复向导"属性对话框,点击"更新",所有诊断信息绿色打钩,自动修复。

项目实训

项目名称	模型检查	学时		班级	
姓名		学号		成绩	
实训设备		地点		日期	
训练任务	了解 STL 格式会进行转换,会对 STL 模型进行检查修复和修改。				

★工程案例引入:

需要进行处理的多孔位排插产品模型:

提出问题:什么是 STL 文件格式? 如何得到 STL 文件? 如何进行 STL 文件的检查、修改、修复?

★训练一:

①使用 UG 打开模型文件导出 STL 文件。

②尝试使用其他建模软件导出 STL 文件。

③填写下面表格。

序号	步骤内容	所用软件
1		
2		
3		
4		
5		
6		
7		

★训练二:

①使用 Magics 软件检查模型。

②使用 Magics 软件修复模型。

③填写下面表格。

模型	
检测结果	
修复结果	

★课后作业:

①转换数据为 STL 文件。

②使用 Magics 软件检查 STL 文件。

③使用 Magics 软件进行缩放、切割等操作。

④预习下一章节。

★5S 工作:请针对自身清理整顿情况填空。

□ 打印设备返回参考点,清理卫生,按要求关机断电。

□ 工具器材已放至指定位置,并按要求摆好。

□ 已整理工作台面,桌椅放置整齐。

□ 已清扫所在场所,无废纸垃圾。

□ 门窗已按要求锁好,熄灯。

□ 已填写物品使用记录。

小组长审核签名:

6.2.3　STL 模型自动修复

(1)模型加载

点击打开"STL 文件"或点击"文件"菜单下的"加载"选项,出现如图 6.25 所示,加载完成如图 6.26 所示。

图 6.25　加载零件对话框

图 6.26　零件加载成功

(2)模型缺陷修复

1)模型缺陷原因

因为 CAD 设计人员的操作不当和数据转换为 stl 格式过程中的数据丢失等原因,导致三角面片数据有可能存在各种缺陷。这时可以采用三维模型修复工具对其进行修复。

2)修复流程

①启动修复向导。选择模型,点击"修复向导"。

②模型检查。在"修复向导"属性中点击"更新"诊断信息会出现绿色"√",证明修复完成;如果出现红色"×",需进入到诊断错误项进行修复。

6.2.4　修复方式的选择

自动修复方式适用于如下两种情况:

①模型较为简单,如图 6.27 所示。

②复杂模型,如图 6.28 所示,诊断结果显示错误较少或是简单的面片法向错误等对特征影响不大的问题。

手动修复则适用于所有情况,但是手动修复模型比较耗时,所以一般只有在自动修复不好处理、处理效果不理想的情况下才会使用手动修复。

图 6.27　简单模型　　　　　　　　　　图 6.28　复杂模型

6.2.5　3D 打印模型修复流程

3D 打印模型即 STL 模型,修复流程主要为导入模型进修复软件,使用检测工具进行检测,使用修复命令进行修复,修复完成后,导出保存修复好的模型。流程图如图 6.29 所示。

图 6.29　模型修复流程图

6.2.6　STL 文件修复技巧

通过 Magics 软件分析缺损数据鼠标下壳如图 6.30 所示,具体操作情况如下:

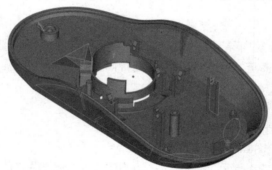

图 6.30　破损模型

（1）法向错误

1）启动软件

启动 Magics 软件,导入鼠标下壳数据,按"F5"或者"F6"标记目标面片,Magics 标记命令栏如图 6.31 所示。

图 6.31　Magics 标记命令栏

2)修复

在修复工具页中,点击基本→反转标记,如图6.32所示。

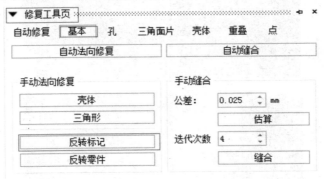

图6.32　Magics 反转标记

修复效果如图6.33所示。

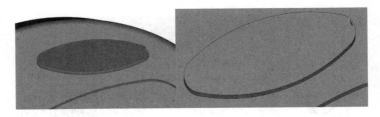

图6.33　法向错误修复完成

(2)孔洞

①在修复工具页中,点击孔→补洞模式,如图6.34所示。

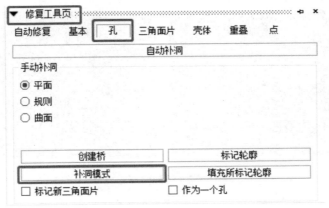

图6.34　启动补洞模式

②点击需要修补的孔洞,效果如图6.35所示。

(3)缝隙

①点击左上方的"修复"工具栏,选择"移动零件上的点"。

②选择缝隙上的点,将其直接拖动至目标点如图6.36所示。

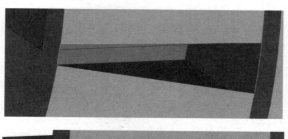

图 6.35 孔洞修复完成

图 6.36 启动"移动零件上的点"命令

③缝隙修补的效果如图 6.37 所示。

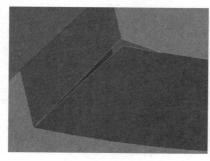

图 6.37 缝隙修复完成

（4）片体重叠

①按"F5"或者"F6"标记重叠的三角面片。

②按键盘上的"Delete"健,删除面片如图 6.38 所示。

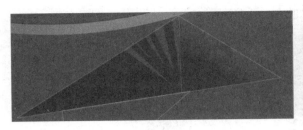

图 6.38　片体重叠修复完成

（5）多余的壳体

①修复。按"Ctrl + F"打开修复向导，点击壳体→更新→选择目标壳体 →删除选择壳体。

②多余的壳体删除的效果如图 6.39 所示。

图 6.39　修复完成

（6）错误轮廓

①先分析模型设计时原本的形状，如图 6.40 所示。

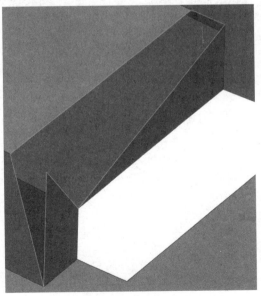

图 6.40　错误轮廓

②通过添加三角面片复原模型特征,如图 6.41 所示。

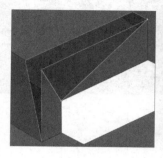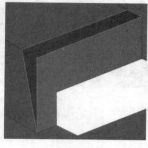

图 6.41　错误轮廓修复过程

③复原模型特征效果,如图 6.42 所示。

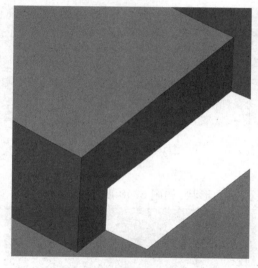

图 6.42　错误轮廓修复完成

项目实训

项目名称	模型问题及修复	学时		班级	
姓名		学号		成绩	
实训设备		地点		日期	
训练任务		了解模型问题产生原因,了解模型问题的类型			

★工程案例引入:

某待打印的三维模型数据存在问题,需要进行修复:

提出问题:STL模型一般有哪些问题? 产生这些问题的原因是什么?

★训练一:

①从网上下载模型数据。

②用建模软件创建简单几何体。

③填写下面表格。

模型名称	模型图片

★训练二:

①列出模型有哪些问题。

②填写下面表格。

序号	模型问题描述

★课后作业:
①通过网络搜索引擎等方式获取模型。
②检查模型是否存在问题。
③除了课堂提到的软件,还有哪些软件可以做模型修复?
④预习下一章节。

★5S 工作:请针对自身清理整顿情况填空。
□ 打印设备返回参考点,清理卫生,按要求关机断电。
□ 工具器材已放至指定位置,并按要求摆好。
□ 已整理工作台面,桌椅放置整齐。
□ 已清扫所在场所,无废纸垃圾。
□ 门窗已按要求锁好,熄灯。
□ 已填写物品使用记录。

小组长审核签名:

成型设备基本操作

6.3　成型设备基本操作

6.3.1　材料的选择

FDM打印模型精度与打印耗材有着密切的关系,耗材质量的好坏直接会影响打印模型的质量及效率。

(1)耗材介绍

1)耗材直径要均匀

市面常用1.75 mm规格的耗材,但有一些是1.66、1.70 mm等,比打印机规格的直接小,放在打印机里打印过程中送丝回抽都会出现电机丢步的情况,打印的模型会出现错位的情况。

2)每个品牌耗材添加成分不同

添加比例不同,耗材中水分添加比例过大,打印出的模型外壁会出现积削瘤,层层堆积挤压,会影响模型外形,所以建议每款3D打印机尽量使用同一生产商的耗材,不要频繁更换打印耗材。

3)材料收缩引起的误差

FDM系统所用材料为热塑性材料,成形过程中材料会发生两次相变过程,一次是由固态丝状受热熔化成熔融状态,另一次是由熔融状态经过喷嘴挤出后冷却成固态。在凝固过程中,材料在凝固过程中的体积收缩会产生内应力,这个内应力容易导致翘曲变形及脱层现象。

①热收缩。材料因其固有的热膨胀率而产生的体积变化,它是收缩产生的最主要因素。由热收缩引起的收缩量为

$$\Delta L = \delta(L + \Delta/2) \cdot \Delta t$$

式中　δ——材料的线膨胀系数,1/℃;

L——零件沿收缩方向线尺寸,mm;

Δt——温差,℃。

固化收缩(即热收缩)引起制件尺寸误差和翘曲变形。由喷头挤出的是热熔融状的树脂,材料固有的热膨胀引起的体积变化在冷却固化的过程中产生收缩,收缩引起制件的外轮廓向内偏移、内轮廓向外偏移,造成较大的尺寸误差。

②分子取向的收缩。高分子材料固有的水平方向(即填充方向)的收缩率大于高度方向(即堆积方向)的收缩率,使各方向尺寸收缩量不均。成形过程中,熔态的树脂分子在填充方向上被拉长,又在随后的冷却过程中产生收缩,而取向作用会使堆积丝在填充方向的收缩率大于与该方向垂直的方向的收缩率。

填充方向上的收缩量可按以下公式矫正:

$$\Delta L_1 = \beta\delta_1(L + \Delta/2) \cdot \Delta t$$

堆积方向(即Z向)的线膨胀系数δ_2一般取$\delta_2 = 0.7\delta_1$,堆积方向收缩量为

$$\Delta L_2 = \beta\delta_2(L + \Delta/2) \cdot \Delta t$$

式中　β——影响系数,考虑实际零件尺寸的收缩还受零件形状、打网格的方式以及每层成形
时间长短等因素单独或交互的制约,经实验估算β取0.3;

δ_1——材料水平方向的收缩率；

δ_2——材料垂直方向的收缩率。

（2）其他 FDM 打印材料

目前 FDM 机器使用材料较多，但常用耗材为 ABS 和 PLA，也有一些特殊材料在应用上越来越广泛。

1）ePEEK

产品性状：相比 PLA 更高韧性，更光滑细腻，更坚固如图 6.43 所示。

①ePEEK 是一种半结晶聚合物，有很高的耐热性能。

②能在 250 ℃下保持较高耐磨性，摩擦系数低，可短暂承受 315 ℃。

③韧性度与对交变应力的耐疲劳性属塑料材料之最，可与合金材料媲美。

④耐化学药品性与阻燃性非常优异，具有抗辐射能力。

⑤具有高强度、高断裂韧性以及优良稳定性。

⑥自润滑性好、绝缘性稳定、耐水解。

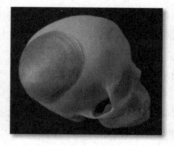

图 6.43　ePeek 材料

2）eSteel（不锈钢）

可以广泛应用于时尚创意设计、工业设计开发、创客空间等领域，如图 6.44 所示。

图 6.44　ePeek 材料

①材料打印参数：

最佳打印温度：190～210 ℃。

底板温度：0/65 ℃。

进给速度：30～90 mm/s。

空走速度：90～150 mm/s。

②产品性状:

A. eSteel 是一种可抛光呈不锈钢外观的环保 3D 打印材料。

B. 打印时无气味。

C. 在保持原有 PLA 性能的基础上,线条不易折断。

D. 打印顺畅,无翘边开裂等问题,抛光有金属质感。

E. 和其他金属耗材一样,需要多注意堵头问题。

3) WOOD(木塑)

应用打印一些与木制用品相近的物品,如木制家具、木头玩具、木制房屋模型,如图6.45所示。

①本材料打印参数:

A. 最佳打印温度范围:190~200 ℃。

B. 打印底板温度:60 ℃。

C. 进给速度:30~60 mm/s。

D. 空走速度:90~150 mm/s。

②产品性状:

A. 无毒无气味。

B. 可以在没有加热床的情况下打印大型模型而边角不会翘起。

C. 加工温度低(190 ℃左右)。

D. 较低的收缩率。

E. 材料韧性好(优于 PLA)。

图 6.45　木塑材料

4) PVA(水溶)

PVA 是一种用途广泛的水溶性高分子聚合物,分子链上含有大量侧基——羟基,所以具有良好的水溶性,无毒,对皮肤无刺激,性能介于塑料和橡胶之间,加热水(60°以下)可加速溶解,如图 6.46 所示。

打印参数如下:

最佳打印温度:180~210 ℃。

底板温度:0/(60~80)℃。

进给速度:30~100 mm/s。

空走速度:90~150 mm/s。

图 6.46　PVA 材料

5）eFlex 柔性 TPU

TPU 通常用于汽车部件、家用电器、医疗用品、鞋底、智能手机盖、腕带等生产中,如图6.47所示。该材料具有高回弹性、良好的机械强度、很好的耐磨性以及耐老化性能。

图 6.47　TPU 材料

（3）ABS 与 PLA

随着我国 FDM 技术已日渐成熟,3D 打印机 FDM 技术日渐普及,对材料的依赖性也越来越大。材料的发展一直是阻碍 3D 打印快速普及的一个重要因素,在开拓新材料的同时也要呼吁对已有材料的持续改进,让更多人方便、安全地使用 3D 打印机,也促进行业普及到更广的人群中去。

FDM 3D 打印机现用的主流耗材为 ABS 和 PLA 两种,都为工程塑料,两者各有特点,如图6.48、图 6.49 所示。

图 6.48　ABS 材料　　　　　　　　　图 6.49　PLA 材料

ABS 具有强度高、韧性好、稳定性高的特点,是一种热塑性高分子材料结构。ABS 熔点为200 ℃左右,3D 打印机打印 ABS 一般设置喷嘴温度为 210～230 ℃。市面上销售的 ABS 打印耗材 1.75 mm 居多。

PLA 具有良好的热稳定性和抗溶剂性,是一种新型的生物降解材料。熔点比 ABS 低,为180 ℃左右,3D 打印机打印 PLA 一般设置喷嘴温度为 190～220 ℃。市场上出售的 PLA 打印耗材为 1.75 mm 和 3.00 mm 居多。就 3D 打印模型来讲,PLA 要比 ABS 的模型硬度要大,ABS 打印的模型是暗色的,PLA 打印的模型是亮色的。

ABS 与 PLA 打印参数的差异如表 6.7 所示。

表 6.7　ABS 与 PLA 打印参数的差异

材料	打印温度/℃	打印热床温度/℃	支撑拆除	特殊支撑材料	翘边程度	打磨	其他
ABS	220～260	90	易	无	容易翘边	容易打磨	打印时有气味
PLA	190～220	室温	一般	水溶性支撑	不易翘边	不易打磨	打印时基本无异味

6.3.2　模拟打印

（1）打印时间及成本的核算

在导入需要进行模拟打印的模型后，点击 UP Studio 软件左侧的打印按钮，如图 6.50 所示。再点击打印设置对话框中的打印预览按钮，如图 6.51 所示。

图 6.50　添加模型　　　　　　　图 6.51　打印预览

等待软件计算完成，模拟打印的结果将会在 UP Studio 软件下方显示，如图 6.52 所示。

图 6.52　模拟结果

189

（2）模型摆放对时间及成本的影响

通过前面的学习我们掌握摆放工艺需要注意的事项,在保证模型质量的同时往往还需要考虑打印成本与时间。

通过对图 6.53 的观察对比我们可以得知,同样的模型,支撑越多,所需的打印时间越多,同理,打印这个模型所需要的成本也更高,即影响时间及成本的主要因素是支撑多少。

图 6.53　模型摆放对比

6.3.3　设备装料

在 UP Studio 软件,点击设置"挤出",喷头自动升温,将线材插入挤出机中,耗材将从喷头挤出,如图 6.54 所示。

通过挤丝让喷头升温,并挤出丝材。

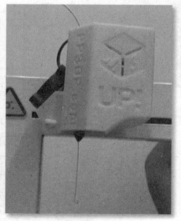

图 6.54　挤出操作

挤出机工作时,丝材位于丝轮与导向轮之间,导向轮通过弹簧与手柄的配合作用下,给丝材施加向丝轮的压力,在这一压力作用下,丝轮上的齿压着丝材,并在挤出电机作用下,带动丝材向热端运动,挤出机如图 6.55 所示。

图6.55　挤出机结构
1—丝轮;2—导向轮;3—手柄;4—弹簧

6.3.4　设备调平

（1）设备调平原理

1）什么是设备初始化

设备的目的是让喷头和网板返回到参考位置,以免制作时出现误差。机器每次打开时都需要初始化。在初始化期间,打印头和打印平台缓慢移动,并会触碰到 XYZ 轴的限位开关;使打印喷头和打印工作台返回打印机出厂时厂家设定的初始位置,在设备建立一个唯一的坐标系。初始化操作流程:

①在 UP Studio 软件里,点击3D打印菜单下面的初始化选项,当打印机发出蜂鸣声,初始化即开始。打印喷头和打印平台将再次返回到打印机的初始位置,当准备好后将再次发出蜂鸣声。

②长按设备初始化按钮,发出蜂鸣声,初始化即开始。打印喷头和打印平台将再次返回到打印机的初始位置,当准备好后将再次发出蜂鸣声。

注意:如打印机没有正常响应,请尝试点击3D打印菜单中的初始化按钮重新初始。

2）什么是设备调平

通过人工调节平台使喷头水平移动时与平台间距保持不变,如图6.56所示。

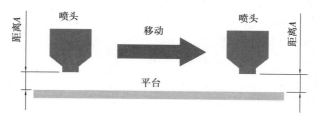

图6.56　平台校准概念

3）设备调平的意义

对于 FDM 机器而言,打印的第一层是否能均匀稳固地附着于平台上,将影响整体的打印效果。如图6.57所示,喷头过低则出料困难;喷头过高则出料无法黏附于平台;平台不平或倾斜将导致第一层不均匀。

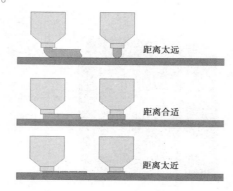

图 6.57　平台与喷头距离示意图

（2）网板结构

如图 6.58 所示，FDM 设备的网板结构主要为打印平台、螺丝、螺丝、平台支架、调节螺母。

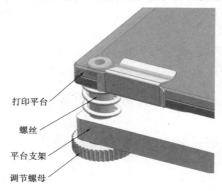

图 6.58　网板结构

6.3.5　设备温度选择

（1）材料温度

FDM 常用 PLA、ABS 两种材料，这两种材料大概的成型温度如表 6.8 所示，但是需要注意的是，部分厂家改性过的材料，温度可能高于或低于下表，这是正常的，所以日常使用 FDM 的材料时，应以材料包装的标签为准（图 6.59）。除了材料的成型温度，部分材料，如 ABS 还需选择热床温度，这是需要特别注意的。

表 6.8　ABS 与 PLA

名称	成型温度/℃	材料耐热温度/℃	收缩率/%	性能
ABS	200 ~ 240	70 ~ 110	0.4 ~ 0.7	强度高、韧性好、抗冲击；耐热性适中
PLA	170 ~ 230	70 ~ 90	0.3	可降解，良好的抗拉强度和延展性；耐热性不好

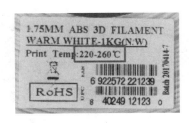

图 6.59　材料标签

(2)设备温度

FDM 设备温度(图 6.60)主要包括三部分:喷头温度、成型室温度、热床温度。喷头温度为材料的成型温度。成型室温度为成型室保温温度,这个仅在部分机器有成型室保温功能,才有成型室温度选择。热床温度为网板热床的加热温度。这几项的选择与材料、成型条件密切相关。

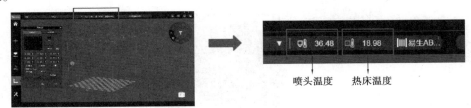

图 6.60　设备温度

6.3.6　FDM 设备常规维护内容

(1)常见故障

FDM 设备常见故障有如下两种:

①材料不挤出。

②打印件翘边,如图 6.61 所示。

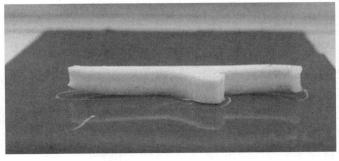

图 6.61　打印件翘边

(2)常规维护内容

常规维护对于 FDM 设备非常重要,常规维护可以预防一些故障的发生,也可以通过日常维护将一些潜在的故障解决。

①机械系统维护保养:主要是针对运动部件如导轨(图 6.62)进行除锈、润滑。

图 6.62　导轨

②挤出系统维护保养：主要是清理丝轮处的碎屑，如图 6.63 所示。

图 6.63　挤出机丝轮

6.4　成型零件后处理

6.4.1　支撑拆除

（1）拆支撑技巧

FDM 工艺虽然不涉及化学变化，但是 FDM 工艺的打印件仍然具有不错的强度。在处理时，如果没有一定的技巧，容易使操作者受伤，同时也会增大处理难度。

①支撑拆除顺序为从小到大依次拆除。

②支撑拆除时，在小特征部位要特别小心，避免伤到特征。

③支撑拆除时，合理利用刀具可以降低拆除难度。

④支撑拆除要特别注意避免受伤。

（2）支撑拆除操作

拆支撑工具如图 6.64 所示。

利用钳子把模型表面支撑去除，如图 6.65 所示。

成型零件后处理

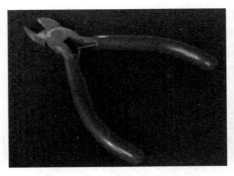

图6.64 拆支撑工具 　　　　　图6.65 去支撑

6.4.2 产品打磨

（1）打磨方法

1）干打磨

干打磨指在不利用各种磨削液下进行的一种打磨工艺。

①打磨注意要点：区分零件材料；确认零件材料硬度；确认零件生成法；确定打磨工艺；确定打磨用材。

②检验工具：检验工具是为了在打磨期间有效地控制零件的质量，防止零件产生不可逆的残次。

a.电脑。需要操作者心细，读懂图纸和技术要求，特别要注意区分细节，比如：支撑和零件的区分。

b.量具。勤用量具，常用量具有：游标卡尺、直尺、角尺、高度尺等。

2）湿打磨

湿打磨可以借助各种冷却液带走削磨残渣，以保证打磨效果及零件清洁。

湿打磨与干打磨主要区别如下：

①湿打磨在工艺程序上与干打磨工艺基本一致。

②湿打磨在磨削材料上使用耐水性材料，比如水砂纸等。

③湿打磨有效地控制了粉尘，保持了零件的清洁。

④湿打磨提高了磨削效率，由于磨削液带走了物屑，使得磨削更加顺利。

⑤湿打磨节约打磨耗材。

⑥湿打磨时由于零件表面被水包裹，水同时遮盖了零件表面粗糙度场的分布，所以在打磨到一定量的时候，需要吹干零件，省视工件的细节，加大了功耗。

⑦湿打磨过程中，应该拒绝电器助力部分参与，以防漏电危害人身。

⑧在执行湿打磨工艺时，一定要戴好胶手套，戴好防尘镜，尽量减少裸露皮肤。

⑨适当的准备一般紧急处理药品，如碘伏、药棉、纱布、眼药水，清洗眼睛用的盐水和水枪，并根据实际需求配备和更新。

3）模型打磨处理

针对模型有平面特征和曲面特征的打磨工艺处理技巧。利用湿打磨可以借助各种冷却液带走削磨残渣，以保证打磨效果及零件清洁。

①曲面打磨:对于曲面的打磨,不能用力过猛,需均匀打磨,如图 6.66 所示。

②平面打磨:平面打磨需要保证平整度,使用打磨块进行打磨,如图 6.67 所示。

图 6.66　曲面打磨　　　　　　　　　图 6.67　平面打磨

（2）打磨材料

常用的打磨材料有砂纸、砂条、砂轮、研磨膏、研磨砂、抛光百叶轮、什锦锉、型刀、研磨平台等,如图 6.68 所示。

图 6.68　常用打磨材料

打磨用砂纸分为水砂纸、木砂纸、砂布、金相砂纸、专业砂纸等。这里主要介绍水砂纸,简称砂纸。

砂纸的型号越大越细,越小越粗。一般为 30 号(或 30 目),60 号(60 目),120 号,180 号,240 号等。号(或目)是指磨料的粗细即每平方英寸的磨料数量,号越高,磨料越细,数量越多(目数的含义是在 $1\ in^2$($1\ in = 2.54\ cm$)的面积上筛网的孔数,也就是目数越高,筛孔越多,磨料就越细)。如每平方英寸面积上有 256 个眼,每一个眼就叫一目。目数越大,眼就越小。粗的砂纸为 120 号、240 号、360 号;常用砂纸为:360—2 000 号;精细打磨的砂纸为:800—3 000 号。

砂纸表面所覆盖砂型材料,一般有天然磨料和人造磨料两大类。磨料的范围很广,从较软的民用去垢剂、宝石磨料到最硬的材料金刚石都有。

①天然磨料:天然刚玉、石英砂、滑石、长石、金刚石、矽石、黑矽石和白垩等;

②人造磨料:用工业方法炼制或合成的磨料,主要有刚玉、碳化硅、人造金刚石和立方氮化硼等。

③砂条、砂轮都是成型工具,粒度和外形大小比较俱面,可供挑选使用的范围比较大。

研磨平台用于对平面的检验和研磨。一般购买浮法玻璃,厚度在 12 mm。用浮法玻璃替代传统的检验平台,管理简单,费用低,其平面度足够满足手板行业的检测标准,并且可以随时更新,以满足技术要求。

6.4.3　特殊后处理

(1)原子灰补件

针对手板的缺陷先进行前期处理,比如补点状洼陷、面局部丢失等,才能进行下一步的打磨后处理工艺。

1)所需工具

所需工具包括:①各目数砂纸;②固化剂;③原子灰;④刮刀;⑤手套;⑥打磨块。如图6.69所示。

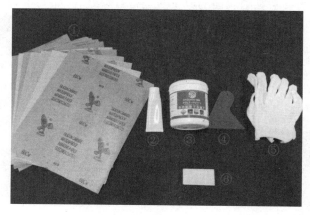

图6.69　填补模型工具

2)原子灰补件操作

使用原子灰和固化剂按100:2的比例混合,然后填补至工件瑕疵的地方,具体操作流程如图6.70所示。

①工件喷涂底灰

②调和原子灰与固化剂

③涂抹工件

④原子灰涂抹所有缺陷处

⑤放至恒温烤箱烘烤　　　　　　⑥烘烤效果

图 6.70　原子灰补件流程

（2）原子灰打磨

工件补灰完成后需要对黏附表面的原子灰进行打磨处理，如图 6.71 所示。

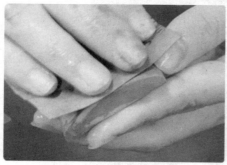

图 6.71　原子灰补件流程

步骤 1：打磨工件曲面。

步骤 2：使用打磨块打磨平面，如图 6.72 所示。

图 6.72　原子灰摩擦

步骤 3：工件打磨完成。

思政小故事

2020 年 5 月 5 日 18 时 0 分,长征五号 B 搭载新一代载人飞船试验船和柔性充气式货物返回舱试验舱,从文昌航天发射场点火升空。此次在新一代载人飞船试验船上还搭载了一台"3D 打印机",这是我国首次太空 3D 打印实验,也是国际上第一次在太空中开展连续纤维增强复合材料的 3D 打印实验,对于未来空间站长期在轨运行、发展空间超大型结构在轨制造具有重要意义。

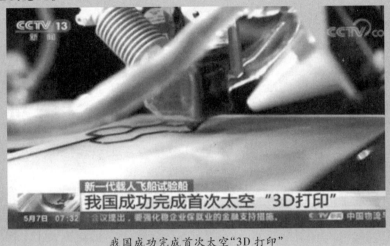

我国成功完成首次太空"3D 打印"

项目 7

激光光固化（SLA）打印工艺与后处理

7.1　SLA 技术概述

SLA 技术概述

7.1.1　SLA 工艺介绍

(1) SLA 成型系统结构

Lite 600HD 是我国典型的光固化成型机，如图 7.1 所示。其技术水平已基本达到国际同类产品的水平，且价格只有进口价格的 1/3 ～ 1/4，基本可以替代进口。

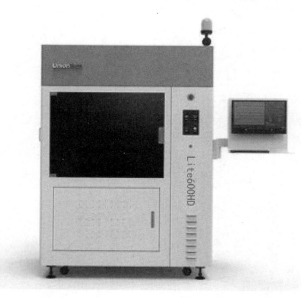

图 7.1　Lite 600HD

光固化成型系统由液槽、可升降工作台、激光器、扫描系统和计算机数控系统等组成。

1)光路系统

①紫外激光器:快速成型所用的激光器大多是紫外光激光器。一种是传统的如氦镉(He-Cd)激光器,输出功率为7~50 mV,输出波长为325 nm,而氩离子(Argon)激光器的输出功率为100~500 MW,输出波长为351~365 nm。这两种激光器的输出是连续的,寿命约是2 000 h。另一种是固体激光器,输出功率可达500 mW或更高,寿命可达5 000 h,且更换激光二极管后可继续使用,相对于氦镉激光器而言,更换激光二极管的费用比更换气体激光管的费用要少得多。另外,激光以光斑模式出现,有利于聚焦,但由于固体激光器的输出是脉冲的,为了在高速扫描时不出现短线现象,必须尽量提高脉冲频率。综合来看,固体激光器是发展趋势。一般固体激光器激光束的光斑尺寸是0.05~3.00 mm,激光位置精度可达0.008 mm,重复精度可达0.13 mm。

②激光束扫描装置:数控的激光束扫描装置有两种形式。一种是检流计驱动的扫描振镜方式,最高扫描速度可达7 m/s,它适合于制造尺寸较小的高精度原型件。另一种是X-Y绘图仪方式,激光束在整个扫描过程中与树脂表面垂直,这种方式能获得高精度、大尺寸的样件,如图7.2所示。

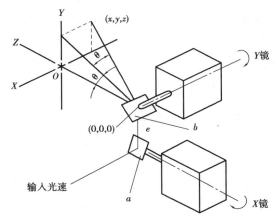

图7.2　振镜扫描系统

2)树脂容器系统

①树脂容器:盛装液态树脂的容器由不锈钢制成,其尺寸大小取决于光固化成形系统设计的原型或零件的最大尺寸(通常为20~200 L)。液态树脂是能够被紫外光感光固化的光敏性聚合物。

②升降工作台:带有许多小孔洞的可升降工作台在步进电机的驱动下能沿高度Z方向做往复运动。最小步距小于0.02 mm,在225 mm的工作范围内位置精度达±0.05 mm。

3)液位调节系统

①Lite 600HD采用平衡块填充式液位控制原理,如图7.3所示,由液位传感器、平衡块组成。液位传感器实时检测主槽中树脂液位高度,当Z轴上升下降移动时,必然引起主槽中液位变化,而平衡块则根据检测液位值结果控制自动下降或上升,以平衡液位波动,形成动态稳定平衡,从而保持液位的稳定。

②液位调节的作用是控制液位的稳定,液位稳定的作用:

A. 保证激光到液面的距离不变,始终处于焦平面上;

B. 保证每一层涂覆的树脂层厚一致。

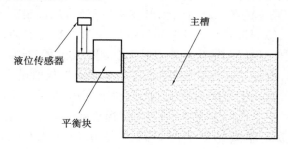

图7.3 液位调节系统

4)涂敷系统

零件制作过程中,当前层扫描完成后,在扫描下一层之前需要重新涂敷一层树脂。涂敷装置主要功能是在已固化表面上重新涂覆一层树脂,并且辅助液面溜平。

由于光敏树脂材料的黏度较大,流动性较差,使得在每层照射固化之后,液面都很难在短时间内迅速流平。因此大部分 SLA 设备都配有刮刀部件,在每次打印台下降后都通过刮刀进行刮切操作,便可以将树脂均匀地涂覆在下一叠层上。刮板的作用是将突起的树脂刮平,使树脂液面平滑,以保证涂层厚度均匀。采用刮板结构进行涂覆的另一个优点是可以刮除残留体积,如图 7.4 所示。

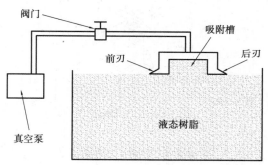

图7.4 涂覆系统

光固化快速成型系统的吸附式涂层机构如图 7.5 所示。吸附式涂层机构在刮板静止时,液态树脂在表面张力的作用下充满吸附槽。当刮板进行涂挂运动时,吸附槽中的树脂会均匀涂覆到已固化的树脂表面。此外,涂覆机构中的前刃和后刃可以很好地消除树脂表面因为工作台升降等产生的气泡。

5)数控系统

数控系统主要由数据处理计算机和控制计算机组成。数据处理计算机主要是对 CAD 模型进行面型化处理输出适合光固化成形的文件(STL 格式文件),然后对模型定向切片。控制计算机主要用于 X-Y 扫描系统、Z 方向工作台上下运动和涂敷装置的控制。

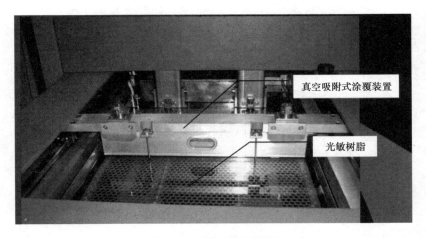

真空吸附式涂覆装置

光敏树脂

图 7.5   吸附式涂层结构

6)软件系统

数据处理软件包括设备自带软件 RpData 和比利时 Materialise 公司的软件 MagicsRP。软件 RpData 为在 Windows 环境下开发的具有自主版权的软件,界面友好,操作使用极其方便;比利时 Materialise 公司的软件 MagicsRP 与成形机的接口采用 CU 标准文件格式,此软件的功能非常完备,使得 STL 文件的处理方便、迅速和准确,从而提高 RP 加工的效率和质量。

数据处理软件具的主要功能如下:

①三维模型的可视化。在数据处理软件中可方便地观察零件的细节,并进行测量和标注。

②自动检查和修复 STL 文件。

③RP 工作的准备功能。数据处理软件能够接收 STLDXF、VDA、IGES 格式文件。快速放置工具能够将多个零件快速而方便地放在平台上。底部平面功能能够快速将零件置为所需的成形角度。

④分层功能。可将 STL 文件模型切片,同时输出不同的文件格式,并能够快速简便地执行切片校验。

⑤支撑设计模块。能在很短的时间内自动设计支撑。支撑可选择多种形式,并且可以进行人工操作,修改支撑形状和重设支撑面。

(2)SLA 成型工艺

1)SLA 工作原理

光固化成型(Stereo Lithography Appearance,SLA)技术,主要是使用光敏树脂作为原材料,利用液态光敏树脂在紫外激光束照射下会快速固化的特性。光敏树脂一般为液态,它在一定波长的紫外光(250~400 nm)照射下立刻引起聚合反应,完成固化。SLA 通过特定波长与强度的紫外光聚焦到光固化材料表面,使之由点到线、由线到面的顺序凝固,从而完成一个层截面的绘制工作。这样层层叠加,完成三维实体的打印工作,如图 7.6 所示。

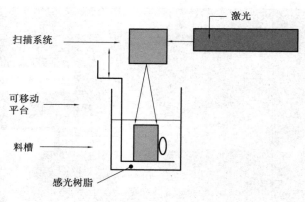

图 7.6　SLA 工作原理图

2）具体成型过程

在树脂槽中盛满液态光敏树脂,可升降工作台处于液面下一个截面层厚的高度,聚焦后的激光束,在计算机控制下,按照截面轮廓要求,沿液面进行扫描,被扫描的区域树脂固化,从而得到该截面轮廓的树脂薄片。

升降工作台下降一个层厚距离,液体树脂再次暴露在光线下,再次扫描固化,如此重复,直到整个产品成型;升降台升出液体树脂表面,取出工件,进行相关后处理。

3）SLA 技术打印材料

①光固化成型树脂的组成及固化机理

A. 基于光固化成型技术(SLA)的 3D 打印机耗材一般为液态光敏树脂,比如光敏环氧树脂、光敏乙烯醚、光敏丙烯树脂等。光敏树脂是一类在紫外线照射下借助光敏剂的作用能发生聚合并交联固化的树脂,主要由齐聚物、光引发剂、稀释剂组成。

B. 齐聚物是光敏树脂的主体,是一种含有不饱和官能团的基料,它的末端有可以聚合的活性基团,一旦有了活性种,就可以继续聚合长大,一经聚合,分子量上升极快,很快就可成为固体。

C. 光引发剂是激发光敏树脂交联反应的特殊基团,当受到特定波长的光子作用时,会变成具有高度活性的自由基团,作用于基料的高分子聚合物,使其产生交联反应,由原来的线状聚合物变为网状聚合物,从而呈现为固态。光引发剂的性能决定了光敏树脂的固化程度和固化速度。

D. 稀释剂是一种功能性单体,结构中含有不饱和双键,如乙烯基、烯丙基等,可以调节齐聚物的黏度,但不容易挥发,且可以参加聚合。稀释剂一般分为单官能度、双官能度和多官能度。

E. 照射吸收能量时,会产生自由基或阳离子,自由基或阳离子使单体和活性齐聚物活化,从而发生交联反应而生成高分子固化物。

②光固化成形材料的选择

A. 目前,常用光固化成形材料的牌号与性能如表 7.1 所示。

表 7.1　光敏聚合物牌号与性能

力学性能＼牌号	中等强度的聚苯乙烯(PS)	耐中等冲击的模注 ABS	CiBa-Geigy SL 5190	DSMSLR-800	DuPont SOMOS 6100	Allied Signal Exactomer 5201
抗拉强度/MPa	50.0	40.0	56.0	46.0	54.4	47.6
弹性模量/MPa	3 000	2 200	2 000	961	2 690	1 379

B. SLA 型快速成型系统也采用一些树脂(表7.2)直接制作模具。这些材料在固化后有较高的硬度、耐磨性和制件精度,其价格较低。

表 7.2　光敏聚合物牌号与性能

性能＼牌号	Cibatool SL 5170	Cibatool SL 5180	HS671	HS672	HS673	HSXA-4	HS660	HS661	HS662	HS663	HS666
适用的激光	He-Cd	Ar	Ar	Ar	Ar	He-Cd	He-Cd	He-Cd	He-Cd	He-Cd	He-Cd
抗拉强度/MPa	59 ~ 60	55 ~ 65	29	48	67	35	60	41	37	12	6
弹性模量/MPa	2 400 ~ 2 500	2 400 ~ 2 600	2 746	2 648	3 334	1 863	3 236	2 354	2 059	481	69

C. 此外,SLA 型快速成型还采用一些合成橡胶树脂(表7.3)作原材料,其中 SCR 310 在成形时有较小的翘曲变形。

表 7.3　合成橡胶树脂的牌号与性能

牌号	SCR 100	SCR 200	SCR 500	SCR 310	SCR 600
抗拉强度/MPa	31	59	59	39	32
弹性模量/GPa	1.2	1.4	1.6	1.2	1.1

③光固化成型树脂需具备的特性

A. 黏度低,利于成型树脂较快流平,便于快速成型。

B. 固化收缩小,固化收缩导致零件变形、翘曲、开裂等,影响成型零件的精度,低收缩性树脂有利于成型出高精度零件。

C. 湿态强度高,较高的湿态强度可以保证后固化过程不产生变形、膨胀及层间剥离。

D. 溶胀小,湿态成型件在液态树脂中的溶胀造成零件尺寸偏大。

E. 杂质少,固化过程中没有气味,毒性小,有利于操作环境。

④SLA 树脂的收缩变形

A. 树脂在固化过程中都会发生收缩,通常线收缩率约为3%。从高分子化学角度讲,光敏树脂的固化过程是从短的小分子体向长链大分子聚合体转变的过程,其分子结构发生很大变化,因此,固化过程中的收缩是必然的。

B. 从高分子物理学方面来解释,处于液体状态的小分子之间为范德华作用力距离,而固体态的聚合物,其结构单元之间处于共价键距离,共价键距离远小于范德华力的距离,所以液态预聚物固化变成固态聚合物时,必然会导致零件的体积收缩。

⑤SLA材料的发展

A.SLA复合材料。SLA光固化树脂中加入纳米陶瓷粉末、短纤维等,可改变材料强度、耐热性能等,改变其用途,目前已经有可直接用作工具的光固化树脂。

B.SLA作为载体。SLA光固化零件作为壳体,其中添加功能性材料,如生物活性物质,高温下,将SLA烧蚀,制造功能零件。

C.其他特殊性能零件,如橡胶弹性材料。

4)SLA技术与FDM技术的区别

SLA技术与FDM技术的区别如表7.4所示。

表7.4 SLA技术与FDM技术的区别

名称	SLA	FDM
设备大小	体积较大	体积小
材料	液态光敏树脂	固态线材
成本	高	低
精度	高	一般
工作环境要求	温度和湿度要求高	室温
成型原理	激光固化	熔融挤出成型
后处理难度	烦琐	简单

5)SLA优缺点

在目前应用较多的几种3D打印技术中,SLA由于具有成型过程自动化程度高、制作原型精度高、表面质量好以及能够实现比较精细的尺寸成型等特点,得到了较为广泛的应用。

①SLA优点

A.是最早出现的快速原型制造工艺,成熟度高。

B.由CAD数字模型直接制成原型,加工速度快,产品生产周期短,不需要切削工具与模具。

C.成型精度高(0.1 mm左右)、表面质量好。

②SLA缺点

A.SLA系统造价高昂,使用和维护成本相对过高。

B.工作环境要求苛刻。耗材为液态树脂,具有气味和毒性,需密闭,同时为防止提前发生聚合反应,需要避光保护。

C.成型件多为树脂类,强度、刚度、耐热性有限,不利于长时间保存。

D.软件系统操作复杂,入门困难。

E.后处理相对烦琐。打印出的工件需用工业酒精和丙酮进行清洗,并进行二次固化。

6)SLA技术应用

SLA由于具有加工速度快、成型精度高、表面质量好,技术成熟等优点,在概念设计、单件小批量精密铸造、产品模型及模具等方面被广泛应用于航空、汽车、消费品、电器及医疗等领域,如图7.7所示。

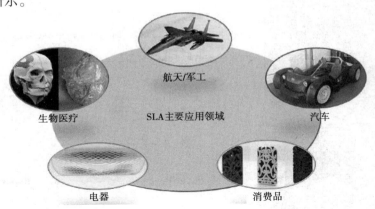

图7.7　SLA的应用

就目前来看,光固化成型(SLA)技术未来将向高速化、节能环保、微型化方向发展。随着加工精度的不断提高,SLA将在生物、医药、微电子等方面得到更广泛的应用。

7.1.2　约束液面式打印机

(1)简介

在SLA技术中,光源都是位于树脂槽上方(Top),每固化一层,打印平台会向下移动(down),所以称为Top down结构,也称为自由液面式结构。在这种结构中,固化发生在光敏树脂和空气的界面上,所以如果使用丙烯酸类树脂,就可能有强烈的氧阻聚效应,导致打印失败。同时,由于固化发生在光敏树脂的液面,所以打印高度与树脂槽深度有关,打印件越高,就需要树脂深度越高。每次打印时,所需要的树脂远多于最终固化的树脂。这样可能造成浪费,也给更换不同种类的树脂带来了不便。自由液面式结构的SLA打印机一般都需要加装液面控制系统,成本较高。

约束液面式(Bottom up)结构是基于自由液面式(Top down)结构的改进。Formlabs工业级工精度桌面式SLA光敏树脂3D打印机如图7.8所示。在这种结构中,光源从树脂槽下方往上照射,固化由底部开始。每层加工完之后,工作台向上移动一层高度,重力可以使光敏树脂流动,这样就不需要再使用刮刀涂覆了。所以每次打印时,所需要的树脂只需要略多于最终固化的树脂,降低了成本,制作时间有较大缩短,如图7.9所示。

(2)应用领域

自由液面式结构SLA打印机因其体积较小,可放置在办公室,所以在牙科、珠宝、手办、研发领域、概念设计、教育行业都有应用,如图7.10所示。

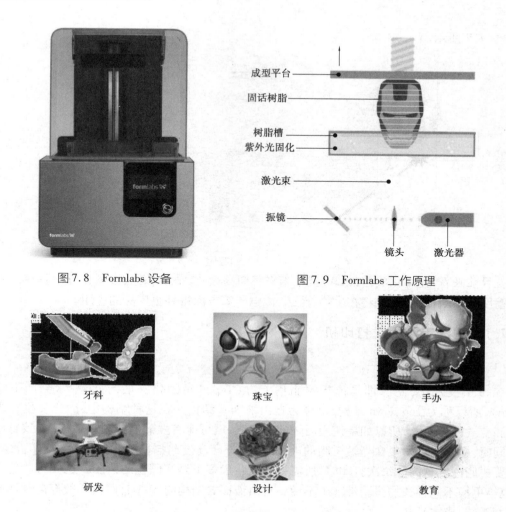

图 7.8　Formlabs 设备　　　　图 7.9　Formlabs 工作原理

牙科　　　　珠宝　　　　手办

研发　　　　设计　　　　教育

图 7.10　自由液面式结构 SLA 打印机应用

项目实训

项目名称	SLA 基本介绍	学时		班级	
姓名		学号		成绩	
实训设备		地点		日期	
训练任务	辨别 SLA 结构,根据要求选择合适的 SLA 设备				

★工程案例引入:

　　某3D 打印公司售出了一台 SLA 打印设备,由于客户不了解该设备和该设备 SLA 成型原理,要求公司安排人员对设备进行解说。因此公司安排你去进行解说,让客户了解该设备。

提出问题:什么是 SLA 工艺?

★训练一:

①列举设备结构。

②思考每个机构的作用。

③填写下面表格。

序号	设备结构	作用
1		
2		
3		
4		
5		
6		
7		

★训练二:

①观察设备的哪些部件具有成型功能。

②分析 SLA 设备的成型原理。

③填写下面表格。

序号	成型部件	成型功能
1		
2		
3		
4		
5		

★课后作业:

①认识 SLA 设备的结构及其作用。

②了解 SLA 工艺的成型原理。

③预习下一章节。

★5S 工作:请针对自身清理整顿情况填空。

□ 打印设备返回参考点,清理卫生,按要求关机断电。

□ 工具器材已放至指定位置,并按要求摆好。

□ 已整理工作台面,桌椅放置整齐。

□ 已清扫所在场所,无废纸垃圾。

□ 门窗已按要求锁好,熄灯。

□ 已填写物品使用记录。

小组长审核签名:

7.2　数据处理

7.2.1　模型的抽壳处理

（1）模型抽壳的原因

在 SLA 打印中,如果没有特殊要求,都要进行抽壳处理。抽壳是将模型实心部分掏空,达到抽壳要求的壁厚大小。抽壳的可以有效地减少质量,打印所需的材料也会相对减少。最主要的是打印时间会显著减少,提高打印的效率。抽壳的前提是原模型壁厚达到能抽壳的要求,且抽壳的位置不会影响模型的正常使用,如图 7.11 所示。

模型抽壳前的数据

模型抽壳后的数据

图 7.11　模型抽壳前后的数据

（2）模型抽壳的方法

1）数据导入

①在"文件"菜单栏中,点击"加载",再点击"导入零件"。

②选择文件路径,点击"打开"。

2）模型抽壳

①点击切换到"工具"命令栏。

②点击里面的"镂空零件"命令。

③设置好抽壳后的壁厚大小,点击"确认"完成抽壳操作。

在没抽壳之前,模型内部基本上都是实心的,打印时设备会根据模型的壁厚大小扫描整层厚度,大大增加了打印时间。如图 7.12 所示为模型抽壳前后的对比,抽壳之后,模型内部达到抽壳条件的部位会进行抽壳操作,减少内部结构。打印时,激光只扫描壁厚部位,中间被抽壳的部位会跳过扫描,大大地减少了打印时间。同时抽壳的模型打印用到的材料也会相对地减少。

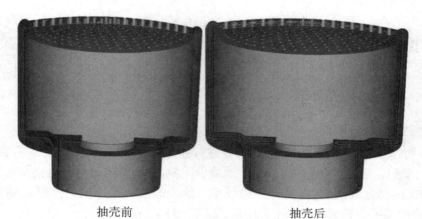

抽壳前   抽壳后

图 7.12   模型抽壳前后的对比

项目实训

项目名称	模型的抽壳处理	学时		班级	
姓名		学号		成绩	
实训设备		地点		日期	
训练任务	分析模型结构,根据结构进行模型的抽壳处理				

★工程案例引入:

　　某 3D 打印公司接到一个客户件,要求用 SLA 技术打印该模型。客户已经把模型数据给到公司,但由于在软件中查看模型发现模型打印出来太重,公司安排你对模型进行抽壳处理,把打印成本降低。

提出问题:模型为什么要进行抽壳? 没抽壳前与抽壳后的模型有什么区别?

★训练一:

①对模型进行分析,检查是否需要抽壳处理。

②填写下面表格。

序号	模型名称	是否需要抽壳
1		
2		
3		
4		
5		
6		
7		

★训练二:
①观察模型特征。
②对模型进行抽壳处理。
③填写下面表格。

序号	抽壳前的模型特点	抽壳后的模型特点
1		
2		
3		
4		

★课后作业:
①导入模型检查模型是否需要抽壳。
②对模型进行合理的抽壳处理。
③预习下一章节。

★5S 工作:请针对自身清理整顿情况填空。
□ 打印设备返回参考点,清理卫生,按要求关机断电。
□ 工具器材已放至指定位置,并按要求摆好。
□ 已整理工作台面,桌椅放置整齐。
□ 已清扫所在场所,无废纸垃圾。
□ 门窗已按要求锁好,熄灯。
□ 已填写物品使用记录。

小组长审核签名:

7.2.2　模型工艺摆放

（1）模型工艺摆放的原因

打印设备是根据模型的形状逐层打印的，在切片前的位置形状决定了打印结果。由于设备是利用紫外光扫描模型轮廓再一层一层打印成型，因此 Z 轴的高度决定了打印的时间，模型越高打印时间越长。另外模型打印是堆积成型的，打印时不可避免地会出现台阶效应，也就影响到后期处理。如果模型摆放时角度不合理，台阶痕就会很明显，处理起来就更麻烦。同时摆放位置合理还能减少支撑，进一步减少处理需要的时间，模型摆放如图7.13所示。

图7.13　模型摆放

（2）模型工艺摆放的方法

1）数据导入

①在"文件"菜单栏中，点击"加载"，再点击"导入零件"。

②选择文件路径，点击"打开"。

2）模型摆放

①点击切换到"位置"命令栏。

②选择"自动摆放"将模型摆放在平台内。

③利用"位置"命令栏里的命令将模型摆放出合适的位置。

（3）模型工艺摆放的技巧

模型首先要摆放在平台中间，可以提高打印的尺寸精度，其次考虑如何摆放可以缩短打印时间和减少处理时间，模型垂直摆放如图7.14所示。一般来说，如果模型是规则体，没太多复杂的特征可以直接竖着打。如何模型有圆的特征，为了保证圆度，要让圆平行网板平台。模型的面越平，台阶痕越少。模型过高需要倾斜的话，倾斜角在7°～50°，根据模型形状而定。同时要根据客户要求决定保证精度还是保证形状。细节特征多的模型，还要考虑加支撑问题，倾斜一定的角度可以有效减少支撑量。

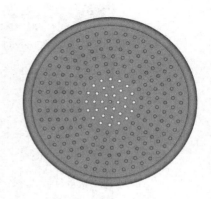

图7.14　模型垂直摆放

成型设备基本操作

7.3　成型设备基本操作

7.3.1　通用树脂材料

（1）通用树脂材料的属性

通用树脂材料多为白色，平时要保存在 20～30 ℃的环境中，在使用时料槽里的温度要在 25～30 ℃。通用树脂材料的温度上限值为 50 ℃，超过 50 ℃打印出来的零件会因为材料发生变化导致变形。通用树脂材料打印的零件如图 7.15 所示。

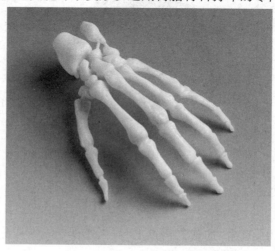

图 7.15　通用树脂材料打印的零件

（2）通用树脂材料的应用

通用树脂材料可以用来制作工具，还能制作模具或者手板件。对于研究方面来说，可以制作功能性原型件，在使用零件上可以制作成螺丝、螺母等零配件，如果要做装配可以做成卡扣等装配件，在生活中可以制作成手办模型等装饰品，如图 7.16 所示。

图 7.16　通用树脂材料打印的零件

7.3.2　设备树脂添加操作

（1）树脂添加的标准

使托板处于零位并低于零位 100 mm，并确认液位控制正常，检测树脂高度是否位于液位检测边框 3~10 mm，若是，则无须加料，否则要加料或去料。设备在打印了一段时间后，材料会随着打印慢慢消耗掉，在消耗到一定程度后，就需要进行材料的添加。设备如果需要进行材料添加会根据料缸里的剩余量计算出剩余质量，如果达到了最低树脂打印需求量就会自动提醒需要添加材料。还有一种情况是还没有达到最低需求量但是材料不能满足打印需求，这就要自己进行估算。一般为回零之后，材料平面低于网板 1 cm 说明要添加树脂材料了。

（2）树脂添加的操作

树脂添加的操作步骤：

①进入软件主界面后先让刮刀、z 轴和平衡块回零。

②点击"更多选项"展开命令栏，如图 7.17 所示。

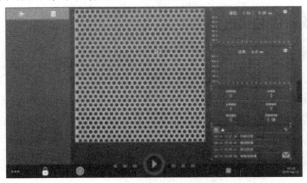

图 7.17　"更多选项"命令栏

③点击"液位检测"查看当前液位状态，如图 7.18 所示。

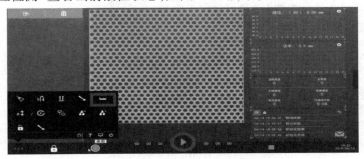

图 7.18　"液位检测"命令

④拿出树脂材料直接往料槽里添加树脂，如图 7.19 所示。

图 7.19 添加树脂

（3）树脂添加时的注意事项

每种设备都有液位限程，如果超出了限程设备可能会停止工作。以联泰 600 为例，在添加树脂的时候不能添加到红色区域上，绿色区域的 2/3 处为最佳位置。且在加树脂时要缓慢添加，不能一次倒完，以免确定不了位置超出限程。

7.3.3 设备激光镜的激光调节

（1）激光调试的类型

设备在使用一段时间后，激光器会有不同程度的损耗。由于激光损耗后激光功率会或多或少地发生偏差，因此需要重新校准激光，进行激光的调试。一般的激光调试可以分为两种，一种是修改调节箱的参数，一种是直接调成型室里的激光镜。激光器如图 7.20 所示。

图 7.20 激光器

（2）激光调试的方法

设备激光镜的激光调试操作步骤：

①打开设备的成型室舱门。

②调整成型室内的激光镜位置，如图 7.21 所示。

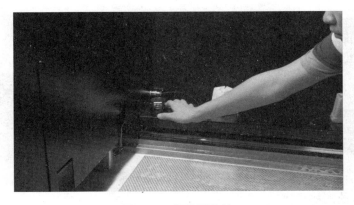

图 7.21　调整激光镜

③让激光能正确地投射到激光镜上,使激光功率达到预定值,如图 7.22 所示。

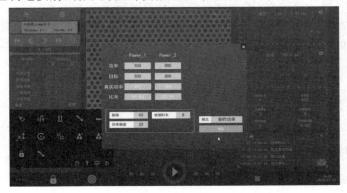

图 7.22　功率正常

(3)激光调试的作用

激光器作为设备的重要组成部分,影响着打印质量。如果激光功率达不到要求,打印出来的零件就会太软或者发黄过硬。激光调试的作用就是将激光功率调到合适的大小,以满足打印需求。

7.3.4　设备基本故障解决方法

(1)设备基本故障类型

设备使用时间久了难免会出现故障,设备一般会出现的故障有:导轨移动不流畅;树脂抽吸不了;网板不平衡。这些故障都会影响设备的正常使用。

(2)设备基本故障解决方法

①导轨不流畅:添加润滑脂等具有润滑作用的材料。

②树脂不能抽吸:说明设备里的微型真空泵出现问题,更换即可。

③刮刀不平衡:刮刀在长期打印中出现倾斜现象,调平刮刀即可。

润滑脂、微型真空泵及刮刀如图 7.23 所示。

219

图 7.23　润滑脂、微型真空泵、刮刀

（3）设备基本故障的原因

设备在长期使用的过程中会由于各种原因出现故障，比如打印时出现故障；打印后没有处理；在没有使用时没注意保养；出现问题时没有及时修复导致故障升级。这些问题长时间堆积起来就容易造成设备的大故障。有些故障可以一下子处理好，而有些故障可能会需要工程师亲自来处理，更严重的需要返厂维修。因此平时要注意检查设备有没有故障，以便及时解决。

7.4　产品后处理

产品后处理

7.4.1　模型取件

（1）设备打印完毕的结果

设备在打印完成后，会将打印好的工件浸泡在有温度的树脂料槽里，以保证打印时的成型环境。设备在停止打印后，只有两种结果：打印完成和打印失败。打印完成后，通过命令将网板上升，再把工件取下即可。打印失败同样也要先上升网板，再用工具把废品清洗干净，检测前处理是否出现问题再重新上机打印。

（2）模型取件的方法

①零件完成后，计算机会给出提示信息。记录屏幕上显示的加工时间。

②点击制作完成，Z 轴会上升到之前设定好的高度。

③等待一定的时间，让液态树脂从零件中充分流出。

④用铲刀将零件铲起，小心从成型室取出，放入专用清理盆中。注意防止树脂滴到导轨和衣物上。关闭成型室门。

打印制作完成，可以通过对网板上的测试块进行肉眼的观察如图 7.24 所示，使用铲刀等工具将支撑和网板分离。在铲件的过程中，注意铲刀的受力情况：

①如果刚接触就铲下来，证明网板零位太低了，支撑没粘住。

②如果需要很大的力气铲下来，说明网板零位太高了，支撑粘得太紧。

以上两种情况需要重新调整网板零位。

①调整网板。

在硬件控制界面，点击刮刀、Z 轴、平衡块回零，如图 7.25 所示。点击液位高度，网板自动调整，如图 7.26 所示。

图 7.24 打印完成

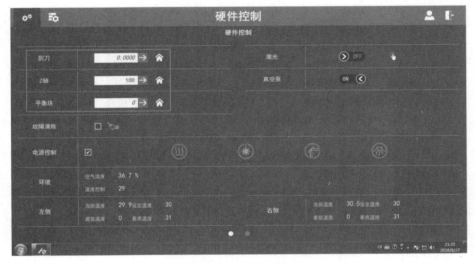

图 7.25 硬件回零

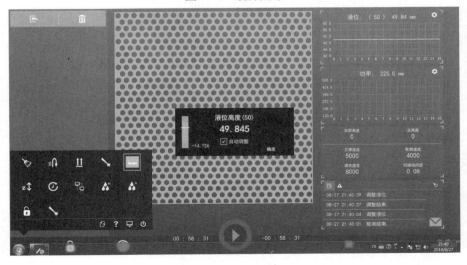

图 7.26 液位高度调节

②分析测试块(表 7.5)。

表 7.5　测试块分析

问题原因	解决方法
刮刀太高	调节刮刀与网板之间的高度
网板不平	通过软件设定对网板进行调平,打印五点测试块进行观察

（3）取件时的注意事项

在打印完成后,需要把工件取下来。在取件时,要注意取件手法,如图 7.27 所示。取件要从底部开始铲起,慢慢地将工件全部铲完。注意不能铲到工件,以免破坏工件。另外铲件时不要尝试一次性用力把工件铲下来,应慢慢将工件铲下来。铲完后要注意有没有废屑残留在网板上,要及时清理干净。

图 7.27　铲件手法

7.4.2　打印常见问题

（1）打印问题的类型

设备在使用时间久了后,或多或少都会有一些问题。间接影响到了零件的质量,导致零件出现打印问题。常见的零件打印问题有尺寸不合格、特征损坏、脱层,台阶痕明显等。

（2）打印问题处理方法

①尺寸不合格:调整机器设备的 XY 系数比和光斑补偿即可,如图 7.28 所示。

图 7.28　尺寸不合格

②特征损坏:前处理时支撑没加好,重新进行前处理,如图 7.29 所示。

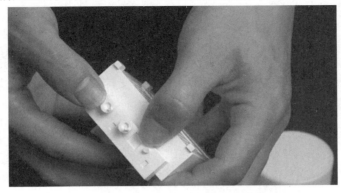

图 7.29　特征损坏

③脱层:刮刀不平,网板位置不平,针对问题调部件,如图 7.30 所示。

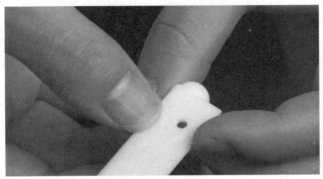

图 7.30　脱层

④台阶痕明显:摆放位置不合理,重新前处理摆放好角度,如图 7.31 所示。

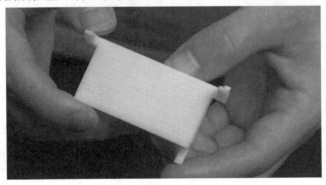

图 7.31　台阶痕明显

(3)打印问题出现的原因

零件会出现打印问题,关键在于前期有没有处理好设备的稳定性。前期工作完成了,设备也调试没问题,这些问题就会相应减少。同时跟设备平时的维护有关,只要做好维护,基本不会出现这类问题。

7.4.3 工件去除支撑

（1）案例引入

某3D打印公司接到了一个客户单,现公司也已经完成了打印,在准备处理前,后处理人员突然被安排去处理其他问题。由于人手不足,公司安排你去对工件(图7.32)进行后处理的拆支撑操作,以便后续的处理。

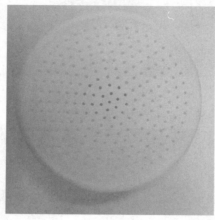

图7.32　工件

（2）工件去除支撑的方法

①原型出机前,先看图纸或数据,确定所清洗工件的整体结构和支撑面结构。

②原型出机后,及时去除能确定结构的大部分支撑或全部支撑(图7.33)。清洗前,严禁紫外光照射。

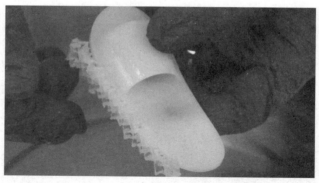

图7.33　去除支撑

③把需去除支撑的工件的原型放入清洗槽内用无水酒精清洗或超声波清洗,如图7.34所示。对于薄壁件,只能用干净酒精快速清洗一次,时间不能超过两分钟。注意应洗干净,不留死角,并立即吹干。

④第一次可用循环酒精清洗,第二次则用干净的酒精清洗。清洗完毕后,局部未清洗干净的部位使用蘸酒精棉纱擦拭干净。

图 7.34　超声波

⑤清洗时注意小结构。对圆柱内、深孔、小夹槽及其他不易清洗的小结构内树脂,要细致清洗到位。

⑥清洗时,要小心细致,可用棉纱、毛刷、牙签等其他辅助工具清洗。

⑦清洗结束时,要立即用风枪吹掉原型表面的酒精,再用电吹风吹干。注意避免温度过高使零件变形。吹干后零件表面应不粘手。

⑧对吹干表面酒精的原型,可在日光、紫外线烘箱内进行 10~23 min 二次光固化。对强度要求高时,固化时间可达 2 h。

⑨原型清洗结束后,注意原型摆放,以防止变形。

⑩固化箱的使用:光固化树脂在激光扫描过程中发生聚合反应,但只是完成部分聚合作用,零件中还有部分处于液态的残余树脂未固化或未完全固化(扫描过程中完成部分固化,避免完全固化引起的变形),零件的部分强度也是在后固化过程中获得的。因此,后固化处理对完成零件内部树脂的聚合,提高零件最终力学强度是必不可少的。后固化时,零件内未固化树脂发生聚合反应,体积收缩产生均匀或不均匀形变,固化箱的外形如图 7.35 所示。

图 7.35　固化箱

(3)工件去除支撑的操作步骤

①将取下来的工件用超声波清洗机清洗掉残留的树脂,如图 7.36 所示。

图 7.36　超声波清洗

②不锈钢盆里倒入新酒精,把工件放入不锈钢盆里二次清洗并且用铲刀镊子把支撑去除掉,如图 7.37 所示。

图 7.37　拆除支撑

③拆除完支撑后用刷子重新刷一遍工件,如图 7.38 所示。

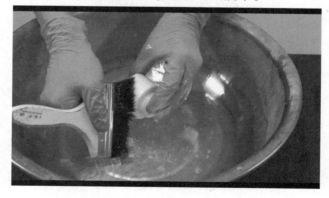

图 7.38　清洗工件

(4)工件去除支撑的效果

支撑去除后,工件表面上会有支撑点。支撑点是工件表面与支撑连接处产生的特征。这些特征影响工件的表面质量,需要用工具去除掉。同时因为没有进行过任何处理,工件还会有打印时产生的台阶痕,台阶痕是影响工件表面质量(图 7.39)的一个重要原因。

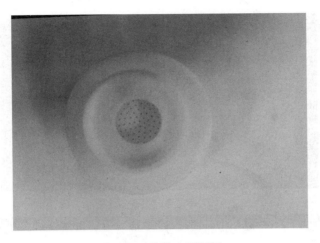

图 7.39　工件表面质量

7.4.4　工件打磨

（1）工件打磨的目的

工件打印完会在表面生成粗细不一的台阶痕或者拆支撑留下来的支撑点,这些特征都会影响到工件的表面质量。为了将工件能投入到正常使用中,需要进行处理。而处理的方法就是清除掉这些不要的特征,用到的方法就是打磨(图 7.40)。

图 7.40　打磨处理

（2）SLA 不同材质后处理

在 SLA 工艺中常用的打印材料制作出来的材质的不一样,通常有 3 种类型:类 ABS 材质、软胶材质、透明材质。

1）类 ABS 材质

特点:成型速度快,打印精度高,打印制件具有出色的抗湿性能,耐化学性好,收缩率小,尺寸稳定性好,耐久,制件具有一定的吸附力,能满足常规的喷漆要求,同时具备优良的机械性能,如图 7.41 所示。

2）软胶材质

特点:成型后呈浅黄色的类聚氨酯(PU)材料;具有优良的柔性和韧性,无异味,黏度低,易清洗,耐折弯性强;适用于鞋子、产品保护件等柔性连接应用,如图 7.42 所示。

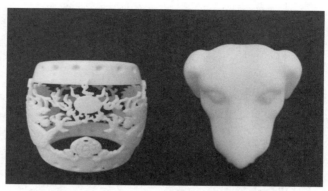

图 7.41 类 ABS 材质件

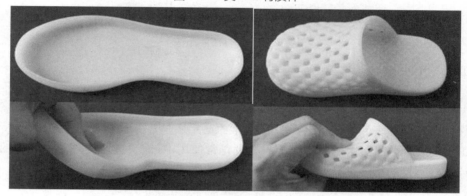

图 7.42 软胶材质件

3）透明材质

特点:刚韧结合、接近无色的材料,具有经实践检验的尺寸稳定性,适合常规用途、细节丰富的建模以及透明的可视化模拟,如图 7.43 所示。

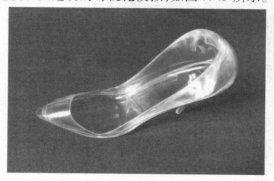

图 7.43 透明材质件

（3）工件打磨的方法

①准备好打磨工具和清水。

②先用粗砂纸渣水沾水打磨掉粗痕纹,某些部位可以借助锉刀打磨,如图 7.44、图 7.45所示。

228

图 7.44　粗砂纸打磨

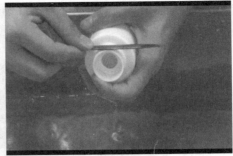

图 7.45　锉刀打磨

③粗痕纹打磨完后换细砂纸进行精磨,如图 7.46 所示。

④打磨好后用喷砂机喷一下工件进一步增加表面效果,如图 7.47 所示。

图 7.46　细砂纸精打磨

图 7.47　喷砂处理

（4）工件打磨的技巧

打磨的原则是提高工件的表面质量,同时不破坏工件本身的属性。要想达到这样的效果,就必须严格把控打磨质量,为了调高打磨质量,会借助到工具和使用一些手法。打磨时可以使用打磨垫块,作用是提高打磨效率。对不同形状的工件有不同的手法,比如圆面的工件就要沿着轮廓面打磨,平面的工件直接平磨即可。打磨最重要的是需要沾水打磨,沾水的作用是提高打磨效率,同时增加打磨效果,如图 7.48 所示。

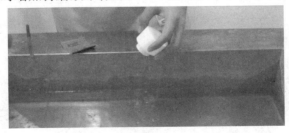

图 7.48　打磨处理

7.4.5　激光补件

（1）激光补件原理

激光补件是通过使用激光二次固化修补的光敏树脂件,达到修复模型的功能。激光补件利用树脂在激光的作用下会固化变硬,从而填补上破损处。激光补件要用树脂涂抹到破损处,再开启激光照射,让树脂固化与工件结合,代替了破损的位置。这个操作需要人为去进行,让激光固定投射到某一位置上,不需要用到刮刀和网板,直接用手拿着即可,如图7.49所示。

图7.49 激光补件

（2）激光补件的方法

激光补件的操作步骤如下：

①手动让刮刀移动到激光下,开启激光,如图7.50所示。

②用竹签蘸取树脂涂到工件破损的位置,如图7.51所示。

图7.50 调整刮刀和激光的位置 　　　　　　　图7.51 蘸取树脂

③匀速移动让激光扫描到破损处进行修补,如图7.52所示。

④修补好再进行打磨即可,如图7.53所示。

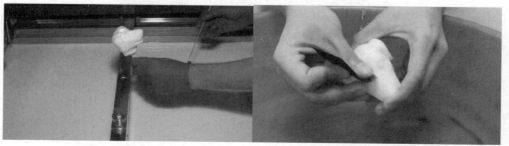

图7.52 激光修补 　　　　　　　　　图7.53 打磨处理

（3）激光补件的主语事项

激光补件由于是利用激光进行操作的,功率会很高,在操作时要注意避免人直接与激光接触。在补件时也要注意激光与工件接触的时间不能过长,否则会导致工件变黄。不能让激光直接照射到树脂料槽里,一定要用东西隔绝激光。

7.4.6　工件支撑去除

（1）工件支撑的作用

模型在上机前需要进行加支撑处理,支撑是 3D 打印中一种重要的载体,支撑可以保证模型在打印时成型为工件,如图 7.54 所示。支撑起到的作用是辅助工件成型,模型在打印过程中由于是由下而上生长的,如果底部没有支撑作为载体,模型打印时就会塌陷造成打印失败的现象。

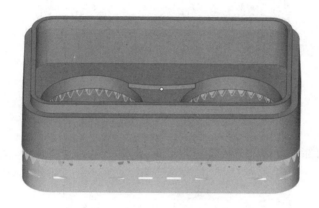

图 7.54　模型支撑

（2）工件去除支撑的方法

1）清洗工件的操作步骤

①先将工件放入超声波清洗机进行一次清洗,如图 7.55 所示。

图 7.55　一次清洗

②再用盆子倒入新酒精进行二次清洗,如图7.56所示。

图7.56 二次清洗

2)拆除支撑的操作步骤

①用铲刀将工件的支撑从连接处拆除掉,如图7.57所示。

图7.57 铲除支撑

②用手将工件内部的支撑清除掉,如图7.58所示。

图7.58 清除支撑

（3）去除支撑的辅助工具

去除支撑可以的方法有很多,一般都会借助工具进行支撑的拆除。常用的辅助工具有镊子、铲刀、手术刀、剪线钳,如图7.59—图7.62所示。利用工具可以快速、有效地将支撑清除掉。

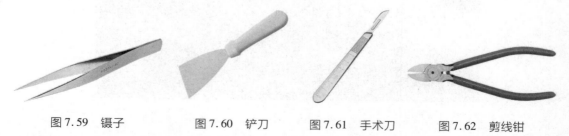

图7.59 镊子 　　 图7.60 铲刀 　　 图7.61 手术刀 　　 图7.62 剪线钳

7.4.7　模型装配

（1）模型装配位的作用

在 3D 打印中,一般不会整体打印零件,而是将模型按照结构进行拆分。先打印出拆分的零件,等所有零件都处理完毕后,再组装成整体。要将模型拆分,就要设计出装配位,如图 7.63 所示。装配位的作用就是零件在装配时有基本的标准位置,通过装配位可以精准无误地将零件完全配合在一起,完成零件的组装。

图 7.63　零件的装配位

图 7.64　零件装配

（2）模型装配的技巧

①模型的装配首先要达到间隙配合的要求。

②在装配前先处理装配位。

③先从简单的位置开始装配。

④先装配好一个区域作为基准位,再沿着配合缝隙装好。

⑤装配好后要保证贴合,同时不能让配合件掉落。零件装配如图 7.64 所示。

（3）模型装配的合理性

一个正确完整的装配体要求装配间隙合理,在装配时能做到紧贴密封不透光,同时不会有装配干涉。配合位能活动自如,不会有过盈配合现象。最主要设计装配位的结构要合理,针对不同的模型类型设计不同的装配结构,设计的地方也要合理,不能在不满足设计装配位的地方设计装配结构。

思政小故事

卢秉恒　中国工程院院士　西安交通大学教授

"中国 3D 打印之父"卢秉恒院士从 1993 年起带领团队开始了对 SLA 技术领域的研发。面对国外技术壁垒和国内资金缺乏的困难,开发出具有国际首创的紫外光快速成型机以及有国际先进水平的机、光、电一体化快速制造设备和专用材料,形成了一套国内领先的产品快速开发系统,把快速成型机的国产率提升到了 80% ~90%,极大推动了我国制造业的发展进步。之所以都能做成,与他丰富的工程实践经验和持之以恒的精神分不开。

项目 **8**

激光粉末烧结(SLS)打印工艺与后处理

8.1 SLS 技术概述

SLS 技术概述

8.1.1 SLS 工艺简介

(1)SLS 工艺概述

激光选区烧结(Selected Laser Sintering，SLS)，利用粉末状材料在激光照射下烧结，层层堆积成形,使用的粉末材料种类包括塑料粉、陶瓷与黏结剂的混合粉、金属与黏结剂的混合粉等。

(2)SLS 打印原理

在开始加工之前,先将充有氮气的工作室升温,并保持在粉末的熔点以下。成型时,送料筒上升,铺粉滚筒移动,先在工作平台上铺一层粉末材料,然后激光束在计算机控制下按照截面轮廓对实心部分所在的粉末进行烧结,使粉末溶化继而形成一层固体轮廓。第一层烧结完成后,工作台下降一截面层的高度,在铺上一层粉末,进行下一层烧结,如此循环,形成三维的原型零件。

(3)SLS 工艺应用领域

SLS 工艺几乎可以应用于各行各业中,不仅是在研发设计阶段的概念验证,同样适用于功能性手板的制作,终端零部件的生产,以及直接或间接地利用于各种快速铸造。目前该工艺在航空航天、家用电子、汽车制作、医疗辅助、工艺美术和灯饰等领域均有很广泛的应用。

(4)SLS 工艺优点

成型材料十分广泛:从理论上说,任何加热后能够形成原子间黏结的粉末材料都可以作为 SLS 的成型材料;

材料利用率高:未烧结的粉末可以重复利用;可以打印任何复杂结构:包括镂空结构,空

234

心结构等。

制件具有较好的力学性能:成品可直接用作功能测试或小批量使用。

无须支撑结构,松散粉末起到支撑作用,降低打印前期模型处理难度。

(5)SLS 工艺缺点

由于原材料是粉状的,原型制造是由材料粉层经过加热熔化实现逐层黏结的,因此,原型表面严格讲是粉粒状的,因而表面质量不高。

加工时间长:加工前,要有 2 h 的预热时间;零件模型打印完后,要进行冷却(冷却时间与打印时间相同),才能从粉末缸中取出。

烧结过程有异味:SLS 工艺中粉层需要激光使其加热达到熔化状态,高分子材料或者粉粒在激光烧结时会挥发异味气体。

成本高:由于使用了大功率激光器,除了本身的设备成本,还需要很多辅助保护工艺,整体技术难度大,制造和维护成本非常高。

8.1.2　设备结构及配件

(1)sPro 60 设备结构

sPro 60 设备的外部结构(图 8.1)包括急停按钮、指示灯、把手、观察窗、打印舱舱门、计算机。

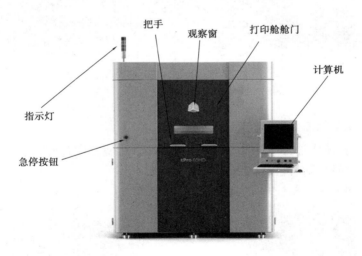

图 8.1　外观结构

sPro 60 设备的内部结构(图 8.2)包括照明灯、隔热挡板、测温孔、加热模块、激光透镜、滚棍。

(2)成型平台

sPro 60 设备的成型平台(图 8.3)包括气体过滤网、溢粉槽、料仓、成型基板。

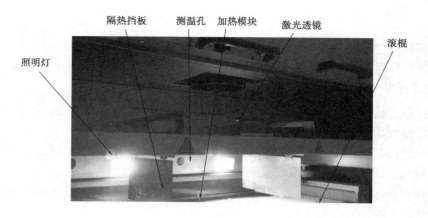

隔热挡板　测温孔　加热模块　激光透镜

照明灯　　　　　　　　　　　　　　　　　滚棍

图 8.2　内部结构

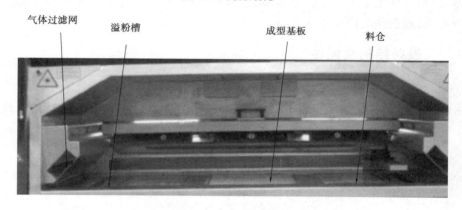

气体过滤网　　溢粉槽　　　　　　成型基板　　料仓

图 8.3　成型平台

（3）sPro 60 设备配件

在 sPro 60 设备操作过程中需要用到一些辅助配件，使打印过程流畅，操作方便，这些配件包括吸粉臂、混粉机、筛粉机、吸尘器、制氮机、喷砂机。

相关配件如图 8.4—图 8.9 所示

图 8.4　吸粉臂

图 8.5　混粉机

图 8.6　筛粉机

图 8.7　吸尘器

图 8.8　制氮机

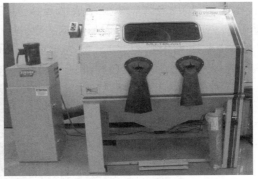

图 8.9　喷砂机

8.1.3　SLS 打印材料

（1）SLS 材料种类

SLS 打印材料可分为四大类,分别为:

1)尼龙粉末

尼龙(Polyamid,PA)是一种结晶态聚合物,具有耐磨、强韧、轻量、耐热、易成型等优点,使得 PA 经选择性激光烧结制备出的功能性零件在很多方面得到了应用,如用来制造助听器材、F1 方程式赛车零部件和口腔外科上颌面等。尼龙材料工件如图 8.10 所示。

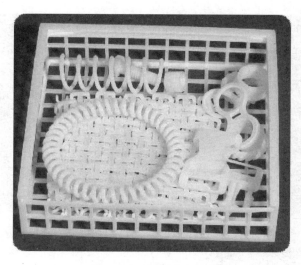

图 8.10　尼龙材料工件

2）金属粉末

在 SLS 技术中，直接用金属粉末烧结成形是快速成型制造最终目标之一，所以金属粉末烧结是近年研究的热点，国内外科研人员在这方面进行了大量的研究工作，并已取得了一些成果。目前，SLS 用金属粉末材料，按其成分组成情况可分为三种：单一成分的金属粉末材料、多组元金属粉末材料、金属粉末和有机黏结剂的混合体。金属材料工件如图 8.11 所示。

图 8.11　金属材料工件

3）陶瓷粉末

由于陶瓷粉末材料自身的烧结温度极高的特性，同时在 SLS 过程中，激光对粉末的作用时间一般小于 0.1 s，在极短的时间内几乎不能实现粉末间的熔化连接，因此只能通过混合于陶瓷颗粒中或覆膜于陶瓷颗粒之间的黏结剂熔化来实现陶瓷颗粒之间的连接。目前，研究的陶瓷粉末材料主要有四类：直接混合黏结剂的陶瓷粉末、表面覆膜的陶瓷粉末、表面改性的陶瓷粉末、树脂砂。陶瓷材料工件如图 8.12 所示。

图 8.12　陶瓷材料工件

4)纳米复合材料

由于纳米粉体有着巨大的比表面积和很高的烧结活性,烧结一段时间后,晶粒生长将显著加速,以致烧结后材料的纳米特性丧失、烧结密度降低。所以,在纳米材料零件 SLS 成形的过程中,关键技术还是烧结过程中,既要使纳米粉末烧结致密,又要使纳米晶粒尽量不要粗化长大,失去纳米的特性。

(2)SLS 材料特点

SLS 中文名叫选择性激光粉末烧结,它的打印材料特点:使用的成型材料范围广;打印过程中无须支撑;打印的工件应用范围广泛;打印的零件不受复杂程度影响。

SLS 最突出的优点之一便是所使用的成型材料十分广泛,从理论上讲,任何被激光加热后能够在粉粒间形成原子间连接的粉末材料都可以作为 SLS 的成型材料。

(3)SLS 材料现状

尼龙材料是目前应用于 SLS 技术最多的材料,但是近几年,金属材料越来越多用于 SLS 激光快速成型。SLS 技术制造的产品已广泛应用于汽车和工业制造业、航空工业、医疗保健、零售业及体育业等。

虽然 SLS 激光快速成型技术已广泛应用于多个领域,但还是很难满足制造业的各种要求,还未形成一个完整的产业链。SLS 技术不能大范围应用的最根本原因在于材料不能满足设计要求,可供成型材料的种类偏少。市面上有成百上千种材料,但绝大多数只是几种材料为基的复合材料,并没有在材料上有实质性的创新。

任何一种技术都是机遇与挑战并存,但是随着研究的深入,一步步解决发展中遇到问题,相信 SLS 技术将越来越成熟,充分发挥自身的潜能。

项目实训

项目名称	SLS 打印材料种类	学时		班级	
姓名		学号		成绩	
实训设备		地点		日期	
训练任务	辨别 FDM 结构,根据要求选择合适的 FDM 设备				

★工程案例引入:

公司新购进的几种 SLS 打印粉末材料如图所示。

提出问题:对粉末材料进行分类,统计其质量与应用特性。

★训练一:

①针对 FDM 和 SLA 成型工艺分析 SLS 成型工艺材料特点。

②填写下面表格。

序号	打印材料类型	材料特点
1	FDM	
2	SLA	
3	SLS	
4	SLM	

★训练二:

①观察材料特征。

②分辨工件的材料种类。

③填写下面表格。

序号	工件模型	材料种类
1		
2		
3		
4		

★课后作业:

①辨识工件的成型材料。

②预习下一章节。

★5S工作:请针对自身清理整顿情况填空。

□ 打印设备返回参考点,清理卫生,按要求关机断电。

□ 工具器材已放至指定位置,并按要求摆好。

□ 已整理工作台面,桌椅放置整齐。

□ 已清扫所在场所,无废纸垃圾。

□ 门窗已按要求锁好,熄灯。

□ 已填写物品使用记录。

小组长审核签名:

8.2　数据处理

8.2.1　模型的调整及软件操作

（1）模型数据的位置调整

为了提高产量与节约成本，每次打印都应该尽量使零件排列紧凑，SLS 工艺打印时，不需要支撑，所以零件与零件之间可以非常靠近，最小间距大于 0.5 mm 都可以成型，我们可以在 magics 软件中先摆放好模型位置，再在 BuildSetup 软件中微调模型摆放位置。模型在软件平台的摆放前后如图 8.13 所示。

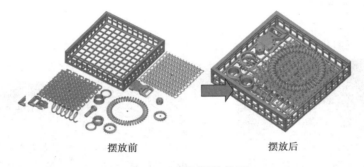

摆放前　　　　　　　　摆放后

图 8.13　模型摆放前后

（2）BuildSetup 软件操作

1）打开软件

打开软件后，界面如图 8.14 所示。

图 8.14　BuildSetup 软件界面

2）模型导入

模型导入流程（图8.15）：①在左侧命令栏中,选择文件目录；②在左上方命令栏中点击文件；③右上方将出现一个预览窗口；④确认模型后,双击左上方命令栏中的文件,导入文件。

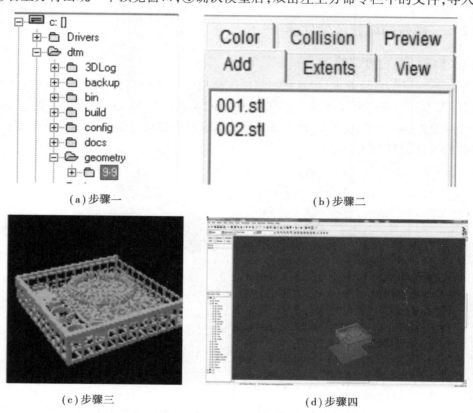

（a）步骤一 （b）步骤二

（c）步骤三 （d）步骤四

图8.15　模型导入四步骤

3）自动摆放

点击自动摆放按钮（图8.16）,文件将居中摆放。模型自动摆放完成如图8.17所示。

图8.16　自动摆放

4）切片导出

点击"保存并验证"按钮,选择安装目录,命名文件名,文件将自动保存,最后生成3个文件。

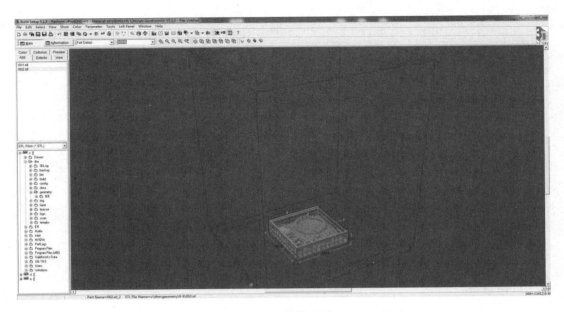

图 8.17　摆放完成

8.2.2　模型摆放工艺

（1）材料分布

SLS 工艺打印过程中,激光照射到粉末材料会使材料烧结,而被激光照射的区域热量会进行扩散,使附件的材料受热变质,虽然这些变质的材料不会和零件烧结在一起,但也无法再次利用,变成废粉,而离激光照射区域远的材料还可以再次利用,所以我们在摆放模型时,尽量让零件紧挨在一起,并使成型高度尽量降低。材料分布如图 8.18 所示。

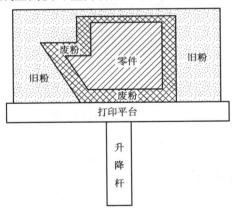

图 8.18　材料分布图

（2）零件间隙

摆放零件时,零件之间的间距要大于 1 mm,在大于 1 mm 的情况下尽可能靠近。零件的摆放需要遵循合理的排列,如图 8.19 所示。

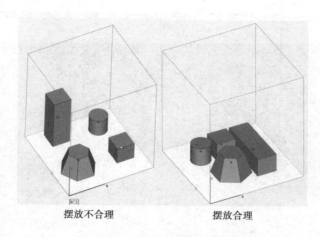

图 8.19　零件摆放排列

（3）摆放原则

圆柱体如果在打印区域内垂直摆放会打印得更好。这就消除了圆柱体 Z 轴边缘的纹路，使其更圆。如果圆柱体太长，直径也很小，为了减少其打印高度，可以让它躺在一边从而减少打印时间。你要确定节省时间跟更高的打印质量哪种情况更加重要。如果你必须要让圆柱体躺下，一定遵循要将它躺在粉辊移动的方向上的原则。如果圆柱体旁边有个更小的圆柱体挨着它，并且是躺下的，确保那个更小的圆柱体面是朝上的。如果是直立的，请将更小的圆柱体放在粉辊移动方向的靠东位置（图 8.20）。

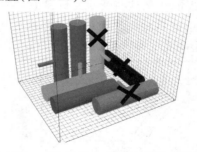

图 8.20　圆柱形材料摆放原则

8.3　成型设备基本操作

8.3.1　设备准备及调试

成型设备基本操作

（1）调试状态准备

调试设备前，需先将设备进入调试状态，操作流程如下：打开舱门；拉出隔热挡板；推入加热模块。加热模块复位如图 8.21 所示。

图 8.21　加热模块复位

（2）设备调试

设备调试操作流程如下：添加材料（图 8.22）；清理激光透镜；设备复位；滚筒铺平料仓。

图 8.22　添加材料

（3）清理溢粉缸

在成型平台的两侧，有两个溢粉缸，用来收集打印过程中，滚筒铺设的多余材料，由于溢粉缸容量大，所以打印多次后才需进行清理，清理时，将溢粉缸取出，把溢粉缸内的材料倒出即可，如图 8.23 所示。

图 8.23　取出溢粉缸

8.3.2 激光调节

（1）激光工作原理及调节

1）激光工作原理

SLS 工艺经过工作原理为，激光发射器发射出一束激光束，激光束在振镜系统的作用下，通过激光透镜，照射到成型平台上，将平台上的粉末烧结成型。激光工作原理如图 8.24 所示。

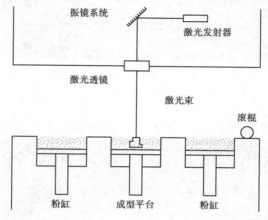

图 8.24　激光工作原理

2）激光调节

常规的激光调节步骤有：调节振镜系统；调节激光功率。值得注意的是，振镜系统与激光功率必须由设备生产商的专业技术员去调节。专业调镜头如图 8.25 所示。

图 8.25　调节激光透镜

（2）振镜系统

振镜是一种特殊的摆动电机，基本原理与电流计一样，当线圈通以一定的电流时，转子偏转一定的角度，偏转角与电流成正比，故振镜又叫电流计扫描器，两个垂直安装的偏转振镜构成 XY 扫描头，最终在指定位置形成光斑，扫描系统结构如图 8.26 所示。

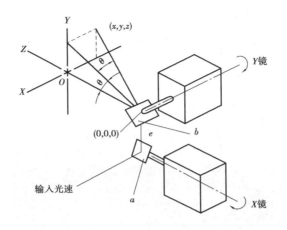

图 8.26　振镜扫描系统

8.3.3　设备的基本维护

(1)设备的日常维护

设备的日常维护项目有:测温孔清理(图 8.27);观察窗清洁(图 8.28);激光透镜清理(图 8.29)。

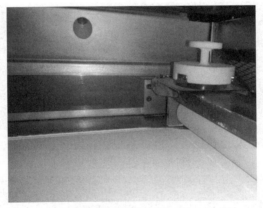

图 8.27　测温孔清洁

图 8.28　观察镜擦拭

图 8.29　激光透镜清洁

(2)设备维护的意义

设备维护的意义在于,设备在长期的使用过程中,机械的部件磨损,间隙增大,配合改变,直接影响到设备原有的平衡,设备的稳定性,可靠性,使用效益均会有相当程度的降低,甚至会导致机械设备丧失其固有的基本性能,无法正常运行。因此,设备就要进行大修或更换新设备,这样无疑增加了企业成本,影响了企业资源的合理配置。为此必须建立科学的、有效的设备管理机制,加大设备日常管理力度,理论与实际相结合,科学合理地制定设备的维护、保养计划。

(3)过滤网更换

设备在使用半年后,必须对过滤网进行更换,操作步骤:将过滤板抽出(图 8.30);取出过滤网滤芯并安装上新的过滤网滤芯(图 8.31);将过滤板安装回原位(图 8.32)。

图 8.30　取出过滤板

图 8.31　更换过滤网

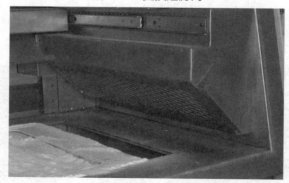

图 8.32　安装过滤网

8.3.4　数据的打印设置

(1)设备打印环境要求

sPro 60 设备放置在一个房间内,对房间有着非常苛刻的要求。

①房间尺寸需宽大于 457 cm,深大于 366 cm,高大于 305 cm;地面需平整,可以承受重力。

②温度:工作范围为 16 ~ 27 ℃;设置点范围为 18 ~ 24 ℃;稳定性为 ± 2 ℃。

③散热:最大值为 3 516 W;平均值为 2 110 W;没有大气腐蚀。

(2)设备打印操作

设备打印操作流程(图 8.33):点击"build"命令;点击"start build"命令;在弹出的界面中,选择文件路径,再选择打印文件,点击"Open",即可开始打印。

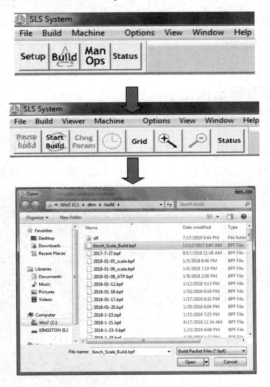

图 8.33　打印操作

(3)粉末材料与工件的位置分布

开始打印时,设备基板会先铺设 15 mm 厚的保温层,再开始打印模型,在工件的四周会有一圈粉末材料,起到保温效果,打印完成后,会再铺设一层粉末材料,如图 8.34 所示。

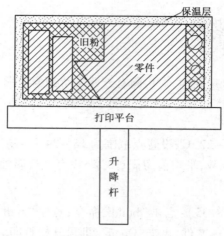

图 8.34　材料分布图

8.4　成型零件后处理

成型零件后处理

8.4.1　材料冷却及取出操作

（1）材料冷却

SLS 成型工艺在打印完成后，工件温度非常高，若立刻取出，会导致工件变形，此时需让工件在打印舱内自然冷却，一般打印时长与冷却时长相同，所以在取件前，需让工件充分冷却，确保工件不易变形，如图 8.35 所示。

图 8.35　材料冷却

（2）取件操作

取件流程（图 8.36）：①打开设备舱门；②推入加热模块；③在成型基板上放置取件桶；④将基板升起；⑤用取件铲插入基板与取件桶中间；⑥取出零件。

步骤一　　　　　　　　　　　步骤二

步骤三　　　　　　　　　　　步骤四

步骤五　　　　　　　　　　　步骤六

图 8.36　取件流程

（3）设备清理

取件完成后，成型平台上有许多粉末，此时需将成型平台上的粉末用吸尘器清理干净，如图 8.37 所示。

图 8.37　设备清理

8.4.2 清粉操作

(1)清粉原因

设备在打印过程中,通过激光束将粉末材料烧结,此时烧结区域周围的粉末温度非常高,这些粉末呈现出结块现象,并与工件黏合在一起,所以打印完成后,工件周围都是结块的粉末,用手很难清理掉。结块粉末如图8.38所示。

图8.38 结块粉末

(2)清粉操作

1)准备工具(图8.39)

刷子:将工件表面较硬的粉末打散并去除。

毛刷:扫除工件表面较松散的粉末。

挑针:将工件上细小处的粉末打散。

图8.39 刷子、毛刷、挑针

2)操作流程(图8.40)

步骤一:用刷子将工件上结块的粉末打散并去除。

步骤二:用挑针将工件上细小缝隙处的粉末打散。

步骤三:用毛刷将打散的粉末扫除。

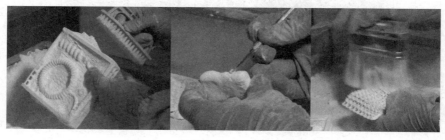

图8.40 清粉操作三步骤

（3）清点操作

清点指的是工件从粉堆中拿出来后，一些细小零件容易被遗漏，所以要对照清点表(表8.1)，清点工件数量，若数量不对，则要继续在粉堆中寻找零件，直到所有工件全部找齐。

表8.1 清点表

序号	名称	数量	情况
1	盒子主体	1	
2	盒子上盖	1	
3	环形弹簧	1	
4	压缩弹簧	1	
5	链条	1	
6	链甲	1	
7	螺丝	1	
8	螺母	1	
9	卡扣组	1	
10	齿轮	2	
11	齿轮盖	2	

8.4.3 打印常见问题

（1）打印数据常见问题

打印数据常见问题如下：

模型干涉：两个零件之间相互重叠，导致打印出来的零件黏合在一起，如图8.41所示。

模型破损：打印破损模型，导致打印出来的模型存在缺陷，如图8.42所示。

图8.41 零件干涉　　　　　　图8.42 模型破损

（2）机器设备常见问题

机器设备常见问题如下：

材料不足：粉缸中的材料不足，导致打印中途停止。

255

溢粉缸中粉末材料过多。

保温圈破损:导致热量流失过快。

打印温度过高:导致机器密封件变形。

(3)打印常见问题的预防

打印常见问题的预防措施:模型破损与干涉检查;打印材料预估;溢粉缸及时清理;保温圈定期更换;控制好打印温度。

項目实训

项目名称	打印常见问题	学时		班级	
姓名		学号		成绩	
实训设备		地点		日期	
训练任务		辨别打印数据常见问题,处理机器设备常见问题。			

★工程案例引入:

　　某3D打印公司有一台SLS成型工艺的打印机,但该设备经常出现各种问题,作为设备操作员的人,需要对设备常见问题进行归纳与总结,并列出预防的方法。

提出问题:如何处理机器设备出现的问题?

★训练一:

①阐述打印数据有哪些常见问题。

②填写下面表格。

打印数据有哪些常见问题

★训练二:

①阐述机器设备有哪些常见问题。

②填写下面表格。

机器设备有哪些常见问题

★课后作业：

①检查设备是否出现故障。

②预习下一章节。

★5S 工作：请针对自身清理整顿情况填空。

□ 打印设备返回参考点，清理卫生，按要求关机断电。

□ 工具器材已放至指定位置，并按要求摆好。

□ 已整理工作台面，桌椅放置整齐。

□ 已清扫所在场所，无废纸垃圾。

□ 门窗已按要求锁好，熄灯。

□ 已填写物品使用记录。

小组长审核签名：

8.4.4　模型打磨处理

（1）喷砂处理

喷砂流程（图 8.43）：将零件放入喷砂机内；开启喷砂机；喷头对着零件喷射沙子；将工件取出并用水清洗。

步骤一　　　　　　　　　　　步骤二

步骤三　　　　　　　　　　　步骤四

图 8.43　喷砂处理过程

（2）打磨处理

1）准备工具（图 8.44）

砂纸：多种目数的砂纸，用于打磨工件；水：冲洗掉工件表面多余的杂质。

吹尘枪：将工件表面的水分与杂质吹除。

图 8.44　平面打磨机、异型打磨机

2）操作步骤（图 8.45）

用平面打磨机打磨模型表面。

用异型打磨机打磨工件凹凸表面（备注：打磨时需沾水打磨）。

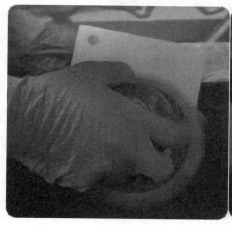

打磨平面　　　　　　　　　　　　　　打磨凹凸面

图 8.45　打磨操作步骤

3）手工打磨处理

由于尼龙材料表面较硬，所以一般都是用电动打磨工具打磨，但工件上有些位置电动打磨机打磨不到该特征时，则要用手工打磨的方式对较难处理的特征进行打磨，打磨时用 360目的砂纸打磨即可。手工打磨如图 8.46 所示。

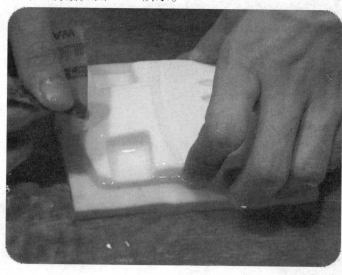

图 8.46　手工打磨

8.4.5　模型喷漆处理

（1）工件处理

在开始喷漆操作之前,需先把 ABS 棒黏在工件上,方便后续喷漆操作时,转动工件,操作流程(图 8.47):

截取一段 200 mm 长的 ABS 棒,ABS 棒直径可用 ϕ 8 或 ϕ 10 mm 的;在 ABS 棒的端面上涂上热熔胶;将 ABS 棒快速与工件接触并静置,直到热熔胶凝固。

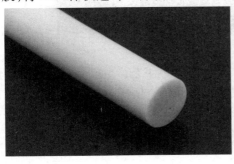 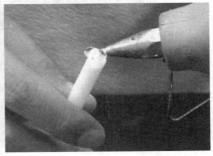

ABS 棒　　　　　　　　　　　　　　热熔胶

图 8.47　工件处理

（2）工件喷漆

1）准备工具

需要准备的工具(图 8.48):手套、油漆、泡沫板、烤箱。

图 8.48　手套、喷漆、泡沫板、烤箱

2）操作流程

①试喷油漆,直到喷出的油漆均匀无颗粒状。

②将油漆快速划过工件,来回几个,边喷漆边旋转工件。

③将 ABS 棒插入泡沫板内,然后放入烤箱中烘干。

（3）工件浸染

浸染也称竭染,为染料应用术语。将被染物浸渍于含染料及所需助剂的染浴中,通过染浴循环或被染物运动,使染料逐渐上染被染物的方法。将纺织物反复浸渍在染液中,使之和染液不断相对运动,染色方法如图 8.49 所示。

图 8.49 染色

彩色 SLS 印刷最快,最具成本效益的方法是通过染色工艺。SLS 部件的孔隙率使其成为染色的理想选择。该部件浸入热色浴中,可提供多种颜色。使用色浴可确保完全覆盖所有内部和外部表面。通常,染料仅穿透部件至约 0.5 mm 的深度,这意味着表面的持续磨损将暴露出原始的粉末颜色。

思政小故事

汽车在路上飞驰,飞机在天空翱翔,舰船在海面航行……这些"钢铁侠"的内部构造十分复杂,零件制造绝非易事。在华中科技大学材料学院,史玉升教授团队数十年如一日,希望用 3D 打印技术改造和提升传统制造技术,化繁为简,变难为易,解决复杂构造零件的制造难题。通过研究 SLS 3D 打印铸造技术,创建高性能复杂零件的整体铸造成套技术,突破了航空发动机机匣、航天发动机涡轮泵等高性能复杂零件的整体铸造难题。

史玉升教授获国家科学技术进步奖

项目 9

激光选区熔化(SLM)打印工艺与后处理

9.1 SLM 概述

SLM 技术概述

9.1.1 SLM 工艺简介

(1)SLM 工作原理

SLM：Selective laser melting(选择性激光熔化),增材制造的一种,是以金属粉末的快速成型技术,用它能直接成型出接近完全致密度、力学性能良好的金属零件。打印机控制激光在铺设好的粉末上方选择性地对粉末进行照射,金属粉末加热到完全熔化后成型。然后活塞使工作台降低一个单位的高度,新的一层粉末铺撒在已成型的当前层之上,设备调入新一层截面的数据进行激光熔化,与前一层截面黏结,此过程逐层循环直至整个物体成型,如图9.1所示。SLM 的整个加工过程在惰性气体保护的加工室中进行,以避免金属在高温下氧化。

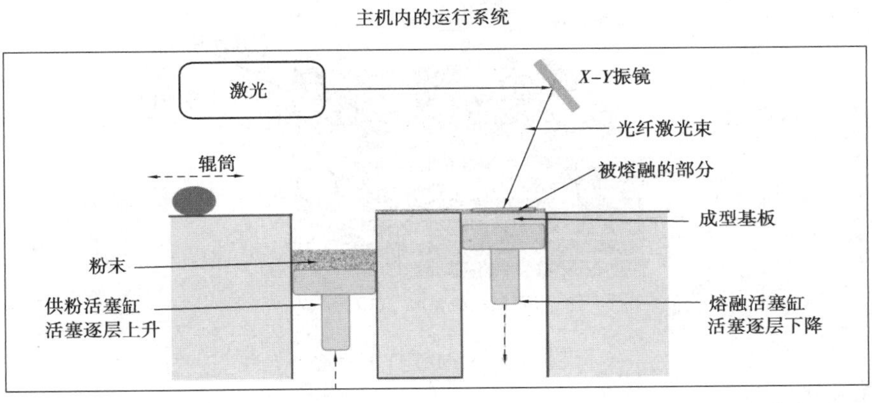

图9.1 SLM 工作原理图

（2）具体成型过程

1）输入保护气

用惰性气体（例如氩气）填充构建室，以使金属粉末的氧化最小化，然后将其加热到最佳构建温度，如图9.2所示。

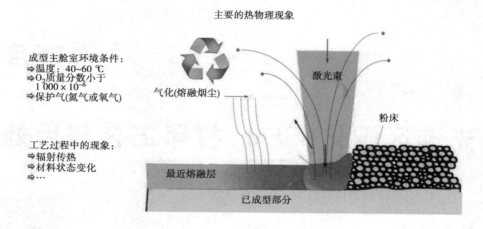

图9.2　SLM工作原理图

2）铺粉

料仓上升，刮刀将金属粉末均匀的铺设到打印基板上，使打印基板覆盖一层薄薄的金属粉末。

3）激光选区熔化

高功率激光扫描元件的横截面，将金属颗粒熔化（或熔合）在一起，形成一层致密的金属层。

4）基板下降

当扫描过程完成时，构建平台向下移动一层厚度，并且涂覆器铺展另一层薄薄的金属粉末。重复该过程直到整个部分完成，如图9.3所示。

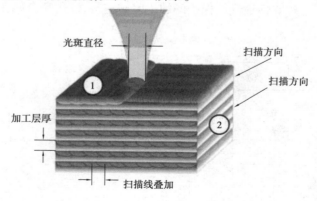

图9.3　SLM工作原理图

5）打印完成

当构建过程完成时，部件完全封装在金属粉末中。与聚合物粉末床熔合工艺（例如SLS

不同,部件通过支撑结构附接到构建平台。金属 3D 打印的支撑支持使用与部件相同的材料构建,并且总是需要用于减轻由于高处理温度而可能发生的翘曲和变形。

6)后处理

当料筒冷却至室温时,手动除去多余的粉末,并且通常对部件进行热处理,同时仍然连接到构建平台上以减轻任何残余应力。然后通过切割,机加工或线切割将部件从构建板上拆下,并准备好使用或进一步后处理。

9.1.2 SLM 设备

ProX DMP 320 是 3DSystems 金属 3D 打印设备,如图 9.4 所示。是专为需要打印复杂结构、高精度、高成型速度的纯钛、不锈钢或镍基超合金部件而设计的金属打印机。该金属打印机提出了新标准,通过可置换的制造模块,快速补充或变更材料,满足制造商对生产周期和高效粉末回收步伐的要求。

图 9.4 ProX DMP 320

(1)设备结构

1)整体结构介绍

SLM 设备一般由光路单元、机械单元、控制单元、工艺软件和保护气密封单元五个部分组成。光路单元主要包括光纤激光器、扩束镜、反射镜、扫描振镜等。激光器是 SLM 设备中最核心的组成部分,直接决定了整个设备的成型质量。SLM 设备所采用的光纤激光器,转换效率高、性能可靠、寿命长、光束模式接近基模等,优势明显。高质量的激光束能被聚集成极细微的光束,并且其输出波长短。

2)扩束镜

扩束镜的作用是扩大光束直径,减小光束发散角,减小能量损耗。

3)扫描振镜

扫描振镜由计算机进行控制的电机驱动,作用是将激光光斑精确定位在加工面的任一位置。通常使用专用扫描透镜来避免出现扫描振镜单元的畸变,达到聚焦光斑在扫描范围内得到一致的聚焦特性。

4)机械单元

机械单元打印模块主要包括铺粉装置、成型缸、粉料缸、成型室密封设备等。铺粉质量是影响 SLM 成型质量的关键因素,目前 SLM 设备中主要有铺粉刷和铺粉滚筒两大类铺粉装置。成型缸与粉料缸由电机控制,电机控制的精度也决定了 SLM 的成型精度。

5)控制系统

控制系统包括激光束扫描控制和设备控制系统两大部分。激光束扫描控制是计算机通过控制卡向扫描振镜发出控制信号,控制 X/Y 扫描镜运动以实现激光扫描。设备控制系统完成对零件的加工操作。主要包括以下功能:

①系统初始化、状态信息处理、故障诊断和人机交互功能。

②对电机系统进行各种控制,提供了对成型活塞、供粉活塞、铺粉滚筒的运动控制。

③对扫描振镜控制,设置扫描振镜的运动速度和扫描延时等。

④设置自动成型设备的各种参数,如调整激光功率,成型缸、铺粉缸上升下降参数等。

⑤提供对成型设备五个电机的协调控制,完成对零件的加工操作。

(2)PROX DMP320 系统组成

1)设备正面结构

PROX DMP320 设备正面结构如图 9.5 所示。

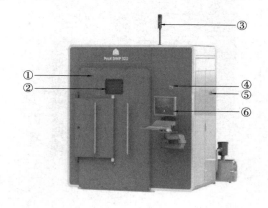

图 9.5   ProX DMP 320 正面

①成型舱门。该门为成型舱室实现密封,并保护操作员免受激光的影响。

②成型舱观察窗。这使操作员在被保护(对人体的激光保护)的同时查看处理室内部。

③分层指示灯。指示灯包含四种机器状态的指示:

● 红色——设备故障。

● 橙黄色——打印正在运行/激光开启。

● 绿色——机器可以通过操作面板控制机器,DMP deposition 的同时查看处理室内部。

● 红色闪烁——紧急暂停。

④紧急停止。按下此按钮时,所有运动停止,激光器关闭,氩气和压缩空气供应都关闭。

⑤主电源开关。主电源开关用于切换 400 V 电源的开和关。

⑥操作员面板。DMP 320 由该电脑所控制。

2)设备背面

ROX DMP320 设备背面结构如图 9.6 所示。

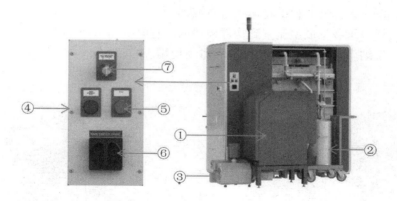

图9.6　ProX DMP 320 背面

①鼓风机。鼓风机不断地在打印台上鼓动循环氩气以提取所有烟尘并将其携带到滤芯中。

②滤芯在将氩气重新引入成型舱之前,从成型舱中提取的所有烟尘和细粒都会被滤芯过滤掉。

③真空泵。在开始打印作业之前,室内的气氛必须是无氧的。真空泵从成型舱中去除所有空气,使其中形成真空。

④重置紧急暂停。紧急暂停键被按下并再次分离后,使系统返回正常操作。

⑤PC 开关。PC 开关用于控制主机工控的开和关。

⑥24VDC 主开关。该开关用于所有被 24V DC 驱动的部件。

⑦无视安全规则开关。使用此键打开此开关时,即使压力或氧含量水平不在要求的范围,激光也可以打开。注意:打开门后激光仍会关闭。该功能只能由 3D Systems 认证的维护人员使用来校准激光系统。

3)成型舱内部

ROX DMP320 设备成型舱内部结构如图 9.7 所示。

①激光镜。激光通过激光窗口聚焦到构建平台上。

②吹气口。氩气通过气流喷口在成型舱内循环。

③打印模块。打印模块包含金属粉末和打印平台。它可以向外拉出以使操作人员更好地接触打印模块。它可以被移除和替换成另一包含不同种类金属粉末的打印模块。

④打印模块锁。锁定销将构件锁定到位,并将其保持在正确的位置。这些必须解锁才能将模块拉出来到外部位置或将其取出。

4)打印模块

ROX DMP320 设备打印模块结构如图 9.8 所示。

①刮刀组件。软质刮刀将粉末从供料缸铺送到打印平台上。

②成型平台。零件被打印在用螺栓连接到打印平台的基板上。在打印过程中,构件平台向下运动以实现打印零件的后续铺层。

③粉缸。供料活塞缸内还有新的金属粉末,平台将粉末提升到正确的高度,为铺粉刮刀提供适量的金属粉末。

④溢粉槽。沉积入此处的粉末将通往溢料容器。

⑤电源连接线。承载从成型舱室到构件模块的所有电源和信号连接。

⑥溢粉仓。容纳多余的粉末,以供筛粉和重新使用。

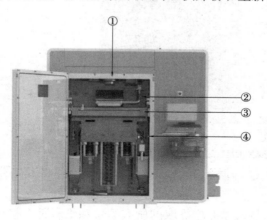

图9.7　ProX DMP 320 成型舱内部结构

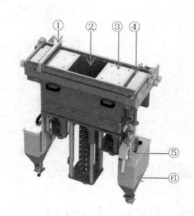

图9.8　ProX DMP 320 打印模块结构

（3）设备配件（图9.9）

图9.9　ProX DMP 320 模块推送车、冷水机、筛粉机

1）模块推送车

用于将构件模块从打印中移出并储存构件模块。

2）冷水机

需保持冷水机中的冷却液处于循环状态且温度在设定温度下。冷却液是由50%自来水和50%蒸馏水的混合物组成水。将Optishield添加到该混合物中以防止腐蚀。

3）筛粉机

允许用户使用电动筛粉和分离溢料容器中的粉料,并将其分离成废弃物和可用的粉料,这些粉料可用于打印零件。

9.1.3　SLM 材料与性能

(1)SLM 材料种类

可用于 SLM 技术的粉末材料主要分为三类,分别是混合粉末、与合金粉末、单质金属粉末。

①混合粉末:混合粉末由一定比例的不同粉末混合而成。现有的研究表明,利用 SLM 成型的构件机械性能受致密度、成型均匀度的影响,而目前混合粉的致密度还有待提高。

②预合金粉末:根据成分不同,可以将预合金粉末分为镍基、钴基、钛基、铁基、钨基、铜基等,研究表明,预合金粉末材料制造的构件致密度可以超过 95%。

③单质金属粉末:一般单质金属粉末主要为金属钛,其成型性较好,致密度可达到 98%。

(2)SLM 材料性能

金属 3D 打印的关键优势在于它与高强度材料(如镍或钴铬合金高温合金)的兼容性,如表 9.1 所示,这些材料很难用传统的制造方法加工。通过使用金属 3D 打印来创建近净形状的部件,可以在以后进行后处理以获得非常高的表面光洁度,从而显著节省成本和时间。

表 9.1　3D 打印金属材料性能表

材料	性能作用
铝合金	良好的机械和热性能、低密度、导电性好、硬度低
不锈钢和模具钢	高耐磨性、硬度很高、良好的延展性和可焊性
钛合金	耐腐蚀性能、优异的强度质量比、低热膨胀、生物相容性
钴铬合金高温合金	优异的耐磨性和耐腐蚀性、在高温下具有很好的性能、硬度非常高、生物相容性
镍超合金	优异的机械性能、高耐腐蚀性、耐温可达 1 200 ℃、用于极端环境
贵金属	用于珠宝制作

项目实训

项目名称	SLM 材料与性能	学时		班级	
姓名		学号		成绩	
实训设备		地点		日期	
训练任务	辨别材料种类与材料性能				

★工程案例引入：

　　某公司最近需要使用 SLM 工艺制作一批用作礼品的汽车把手,你作为该订单的负责人,需要进行准备,其中就包含材料方面。准备进行该订单制作的机器,粉末已经使用得差不多了,你需要向采购部下采购单。

提出问题：如何选择打印材料？

★训练一：

　　①简述 SLM 常用材料有哪些。

　　②简述 SLM 常用材料的用途。

　　③填写下面表格。

序号	SLM 常用材料	材料用途
1		
2		
3		
4		
5		
6		

★训练二:

①简述常用 SLM 材料的性能。

②填写下面表格。

序号	材料名称	性能
1		
2		
3		
4		
5		

★课后作业:

①简述 SLM 粉末的种类。

②简述 SLM 工艺中各种粉末的性能有什么异同。

③查阅资料,搜集更多的应用案例。

④预习下一章节。

★5S 工作:请针对自身清理整顿情况填空。

□ 打印设备返回参考点,清理卫生,按要求关机断电。

□ 工具器材已放至指定位置,并按要求摆好。

□ 已整理工作台面,桌椅放置整齐。

□ 已清扫所在场所,无废纸垃圾。

□ 门窗已按要求锁好,熄灯。

□ 已填写物品使用记录。

小组长审核签名:

数据处理

9.2　数据处理

9.2.1　3DXpert 软件设置

（1）3DXpert 软件介绍

3DXpert 是一款利用增材制造(AM)技术来准备、优化并制造 3D CAD 模型的一体化集成式软件。从增材制造设计到后处理工作流程的每一步，3DXpert 都能提供支持，还实现了流程简化，从而快速有效地将 3D 模型转化为成功打印的零部件。

使用 3DXpert，不再需要在多个不同的解决方案之间来回切换来完成工作。可以使用同一个工具完成以下各项：导入零部件数据；定位部件；优化几何形状和晶格创建；创建最佳支撑；模拟打印和后处理以验证最终部件是否符合设计意图；制定打印策略；计算扫描路径；配置构建平台，排版布局；发送部件进行打印；甚至在必要时编程加工最终产品。主要优点如下：

1）更灵活处理各种几何形状，质量和速度双保险

无缝使用 B-rep(实体或曲面)和三角面片格式(如 STL)的几何形状。通过无须转换实体或曲面数据到网格面节省宝贵的时间，提高数据质量和完整性。

2）使用基于历史的 CAD 工具实现任何阶段的轻松更改

借助基于历史的参数化 CAD 工具，对流程任何阶段的模型轻松应用更改和编辑。如果发出 ECO(工程变更)，避免丢失目前为止已完成的工作。

3）使用经优化的打印策略缩短打印时间并确保质量

使用正在申请专利的 3D 分区定义虚拟体，而不将零部件分成单独的对象。考虑到设计意图和零部件几何形状，将最佳打印策略分配给不同的体，并将它们融合到一个扫描路径中。

4）利用结构优化质量和减少材料使用

快速创建、编辑基于晶格的结构(体积和曲面纹理)，并对其进行可视化操作。零部件质量更轻、材料使用更少、打印时间更短，并且增强了零部件功能属性，同时符合机械特性的要求并维持其形状。

5）借助构建仿真，最大限度减少试错次数

设计环境中的集成式构建仿真可为整个制造流程进行故障预测，并可以在部件打印前对其轻松进行校正。最大限度减少成本高昂且费时的试错，确保了制造流程的可重复性和精准度，从而降低成本，缩短生产时间。

6）尽享自动化和用户完全掌控的终极组合

理想的组合工具，兼备最佳实践模板与前所未有的手动控制，从而优化整个设计和制造流程。使用针对每个打印机、材料和打印策略的预定义参数，或者通过控制扫描路径计算方法和参数，开发您自己的打印策略。

（2）操作指南

1）创建项目、加载部件并进行分析

①在电脑桌面或开始菜单中点击 XP 图标

当 3DXpert 启动后，没有打开任何文件的情况下，界面上显示的图标会因您的 3DXpert 许可证不同，而有所不同。

②按钮的作用（表 9.2）

表 9.2　按钮的作用

New Part fi... New Asse... New Drafti... New NC fi...	创建一个新的 3Dxpert 文件（类型各异）	类型是：部件、装配、工程图、NC 文件
Open File	打开文件	打开已有的 3DXpert 文件
Import Export	输入／输出	读／写其他 CAD 格式
3D Printing Setup Wizard 3D Operator Setup Wizard	3D 打印向导	

③新建一个项目

点击 3D Printing Setup Wizard 图标。

④设置项目名称与文件夹路径

选择打印机名字"ProX DMP Training"，选择打印平台尺寸与需要用到的材料（金属粉）。

⑤设置最小悬垂角度为 45°

实际工作中需根据打印机的能力与材料的特性来确定合适的角度。

悬垂角度也可以在后续的工作中随时修改。

设置单位为毫米（mm）。

⑥进入软件界面

注意托盘上显示的各种文字信息，如图 9.10 所示。

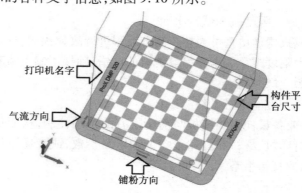

打印机名字

构件平台尺寸

气流方向

铺粉方向

图 9.10　软件界面信息

2)3D 打印向导

首先加载一个模型(请注意这个模型并不是一个三角面片的模型 STL,而是由其他软件构建的一个 CAD 模型)。在窗口中选择文件"QTPart. SLDPRT",直接将此文件拖至 3DXpert 中,如图 9.11 所示。

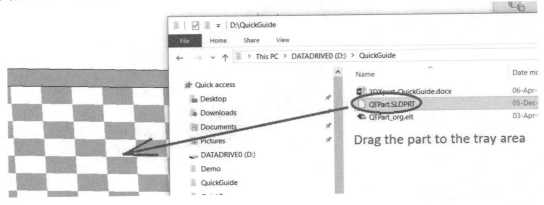

图 9.11　模型导入

注意:文件是其他类型的格式时,可以通过 Import 指令直接导入 3DXpert 中(3DXpert 的文件格式是. elt),如图 9.12 所示。

图 9.12　Import

如果拖入的是 3DXpert 本身的文件(. elt 格式的),那么软件会自动打开这个文件。

如果拖入的是非 3DXpert 本身的文件,那么将会被直接放置在工作台上。

如果需要将. elt 的文件直接加到工作台上,则点击 Add 3DP Component 图标,找到相对应的文件夹后,选择 QTPart. elt 将之加载进来。加载 QTPart. elt 文件到工作台上之后,效果如图 9.13 所示。

图 9.13　模型加载

接下来有两个 Object(物体),这两个物体是在上一步骤被加载进来的。为何是两个而不是一个? 因为一个 part 文件中可以是 N 个物体,或者说是一个 part 文件中可以有无数个实体,它们可以是合并成一个的,也可以是单独分开的。可以通过点亮或熄灭后面的灯泡来进行隐藏或显示的操作。

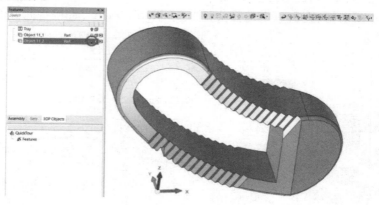

图9.14　隐藏模型

（3）软件机型设置

打开3DXpert软件,软件初始界面,此时需要设计相应的参数,才可进入下一步操作。

①启动设置向导。在软件左上角处,点击"3D打印设置向导"命令。

②设置对话框参数。在弹出的对话框中,设置打印机,基板,材料,并命好文件名,选择文件目录。

③进入主界面。3D打印设置向导完成后,将进入主界面。

9.2.2　3DXpert晶格设计

（1）晶格介绍

晶体原先指物体内部原子是按一定的几何规律排列的。为了便于理解,把原子看成是一个球体,则金属晶体就是由这些小球有规律堆积而成的物体。为了形象地表示晶体中原子排列的规律,可以将原子简化成一个点,用假想的线将这些连接起来,构成有明显规律性的空间格架。这种表示原子在晶体中排列规律的空间格架叫作晶格,又称晶架。

在3DXpert软件中,可将模型的结构变成许多球与球之间用一根圆柱连接起来的结构,如图9.15所示,这种结构优化称之为晶格设置。

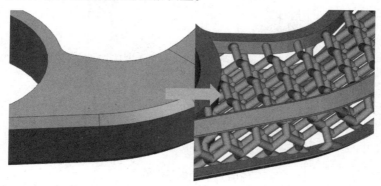

图9.15　晶格优化设置

（2）晶格设置流程

1）加载文件

我们加载一个模型（请注意这个模型并不是一个三角面片的模型 STL，而是由其他软件构建的一个 CAD 模型）。

2）启动命令

点击右侧命令栏中的"创建晶格"，然后点击选择模型。

3）设置参数

启动"创建晶格"命令后，软件将弹出一个界面，该界面可以设置晶格优化的参数，如图9.16 所示，晶格设置完成后点击参数界面右下角的"√"即可。

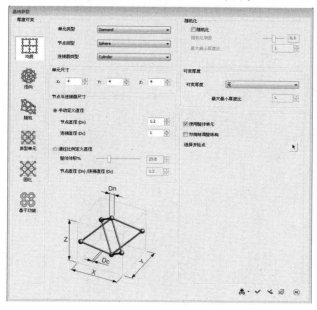

图9.16　晶格参数

项目实训

项目名称	3DXpert 晶格设计	学时		班级	
姓名		学号		成绩	
实训设备		地点		日期	
训练任务	3DXpert 晶格设计				

★工程案例引入：

　　最近某3D打印服务商接到一个使用SLM工艺的3D打印订单，在进入实际制作前需要对客户发来的数字模型进行处理，以达到相应的要求，你是SLM工艺的负责人，最近负责进行培训新人。

提出问题：如何用3DXpert软件对模型进行晶格处理？

★训练一：

①根据设备型号，在3D打印设置向导中，设置好参数。

②填写下面表格。

序号	设备型号	设置情况
1		

★训练二：

①设置晶格结构。

②填写下面表格。

序号	晶格结构设置情况
1	

★课后作业：

①设置软件机型。

②创建晶格结构。

③预习下一章节。

★5S 工作：请针对自身清理整顿情况填空。

□ 打印设备返回参考点，清理卫生，按要求关机断电。

□ 工具器材已放至指定位置，并按要求摆好。

□ 已整理工作台面，桌椅放置整齐。

□ 已清扫所在场所，无废纸垃圾。

□ 门窗已按要求锁好，熄灯。

□ 已填写物品使用记录。

　　　　　　　　　　　　　　　　　　　　小组长审核签名：

9.2.3　3DXpert 切片设计

(1)支撑设计

金属 3D 打印过程中,金属粉末先熔化,再凝固,在此过程中,材料容易变形,若没有支撑牵引,模型容易翘曲变形,所以金属打印过程中,模型需要添加支撑;摆放的角度会决定支撑的数量以及位置,所以我们要先摆放好模型角度,然后再添加支撑。支撑设计步骤如图 9.17 所示。

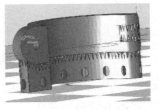

步骤 1. 分析模型　　　　　步骤 2. 摆放模型　　　　　步骤 3. 添加支撑

图 9.17　支撑设计步骤

(2)自由支撑

一般其他支撑加载软件,支撑都是垂直的,不能随意进行弯曲,但 3DXpert 软件有一个强大的功能,就是支撑的自由设置,如图 9.18 所示,可以对支撑的位置、角度和生长情况进行调整,方便了后处理中,支撑的去除。

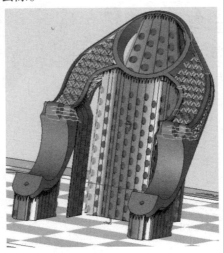

图 9.18　自由支撑

(3)切片仿真

支撑加载完成后,对模型进行切片处理,然后我们可以通过仿真功能,检查我们加的支撑是否合格,步骤如下:

①点击右侧命令栏中的计算切片,如图 9.19 所示。

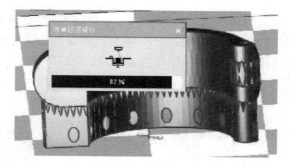

图9.19　模型切片

②点击右侧命令栏中的切片查看器,如图9.20所示。

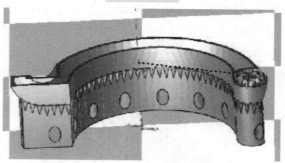

图9.20　切片预览

9.3　成型设备操作

9.3.1　SLM机器初始化

成型设备操作

（1）粉缸初始化

机器粉缸在打印前需要进行初始化,粉缸初始化可以检查粉缸剩余粉量,避免粉量不足导致成型失败,具体步骤:①打开舱门;②通过软件控制粉缸回零;③粉缸初始化完成。粉缸初始化控制界面如图9.21所示。

（2）成型缸初始化

机器成型缸在打印前需要进行初始化,具体步骤:①打开舱门;②通过软件控制成型缸回零;③初始化完成。

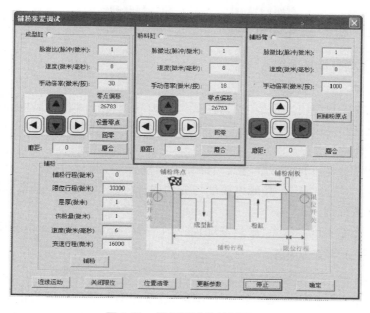

图9.21　粉缸初始化控制界面

（3）刮刀初始化

机器刮刀在打印前需要进行初始化,具体步骤:①打开舱门;②通过软件控制刮刀回零;③初始化完成。刮刀初始化控制界面如图9.22所示。

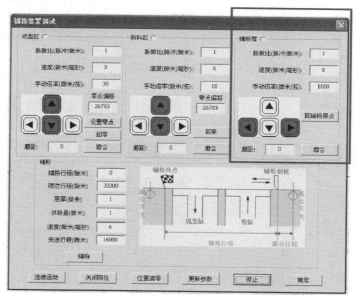

图9.22　刮刀初始化控制界面

9.3.2　SLM 机器软件调试

（1）SLM 设备软件调试内容

1）气体交换控制模块调试

气体交换系统控制模块主要是控制真空泵、保护气阀、排气阀、鼓风机、测氧阀。气体交换系统主要是为了置换成型室内空气为保护气体如氮气、氩气等。

2）机械控制模块调试

机械控制模块主要包含成型缸、粉缸、铺粉刀运动控制，钣金门、安全门的控制；成型缸、粉缸、铺粉刀的运动精度决定产品成型精度与成功率，钣金门与安全门是安全保护措施。

3）打印控制系统调试

打印控制系统主要包含激光、振镜系统，这两个系统，决定了成型质量与成功率。

（2）SLM 设备软件调试操作

1）气体交换控制模块调试（图 9.23）

在交替进行充入保护气与充入空气的操作中含氧量有明显变化即为正常。

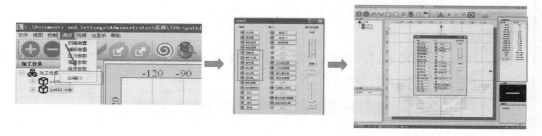

图 9.23　气体交换控制模块调试操作

2）机械控制模块调试（图 9.24）

通过控制激光器使能与激光器启动，检查成型室内是否有激光光斑，可以确认激光是否能正常工作。

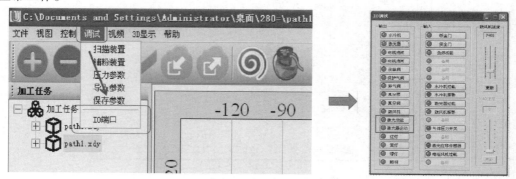

图 9.24　机械控制模块调试操作

3）打印控制系统调试（图 9.25）

通过控制粉缸、成型缸、铺粉臂运动，观察成型室内粉缸、成型缸、铺粉臂运动情况确认是否工作正常。

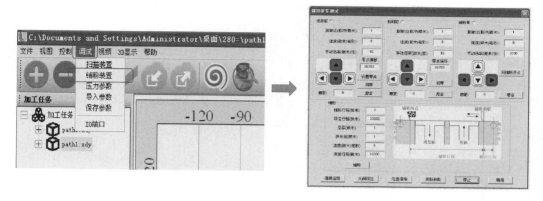

图9.25　打印控制系统调试

9.3.3　SLM 激光调节与维护

（1）SLM 设备激光系统

激光系统主要包括激光器、激光扫描系统两部分。光纤激光器主要包含光源、增益介质、谐振腔。激光扫描系统主要是振镜扫描系统，具体如图9.26 所示。

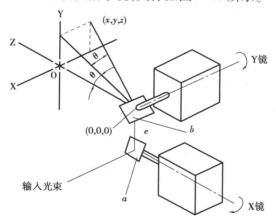

图9.26　激光结构

（2）SLM 设备激光调节

SLM 激光调节主要调节激光器功率、激光扫描参数。具体调节步骤：

①打开机器控制软件，加载模型。

②选择某一成型层，在窗口左下角可以看到选项。

③根据需要修改参数。激光参数如图9.27 所示。

（3）激光系统维护

信达雅 Di-Metal 系列设备采用固体光纤激光器，所以设备的激光系统维护主要针对成型室内透镜清洁，具体步骤：①取擦镜纸，蘸取适量酒精；②轻轻转圈擦拭成型室内激光透镜；③重复该步骤1 ~ 2 次。

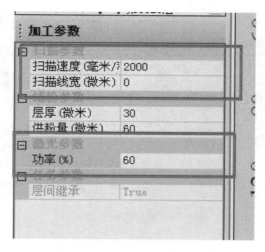

图 9.27　激光参数

9.3.4　SLM 设备基本维护

（1）成型室维护

设备成型室维护主要是清洁成型室密封胶条,具体步骤:①使用纸巾或擦镜纸沾适量酒精;②擦拭成型室门上的密封胶条;③擦完后检查一遍,如还发现污物,重复之前操作。

（2）机械系统维护

设备机械系统维护主要包含更换冷水机冷水,更换空气滤芯,具体步骤:①打开冷水机放水口,放光旧冷却水;②关闭放水口,添加新的蒸馏水至机器示意水位;③打开机器背面维护舱门找到空气滤芯位置;④拆卸螺丝,取下空气滤芯;⑤装上新的空气滤芯,拧紧螺丝。

（3）故障维护

设备的各种零件均有使用寿命限制,某一零件达到寿命限制时有可能导致各种故障发生,SLM 设备常见故障:①激光器冷却不正常;②成型室氧含量降不下来;③打印过程中成型室内气体混浊。

1)激光器冷却不正常

针对激光器冷却不正常的问题,解决办法主要是检查冷水机是否正常运转,冷却水量是否充足,冷却水是否干净,如果存在这些问题,则需要及时进行冷却水更换或者添加。

2)成型室氧含量降不下来

针对成型室氧含量降不下来的问题,解决办法主要是检查氧传感器,如有问题,及时更换、检查惰性气体浓度是否达标、检查气体交换的滤芯是否正常。

3)打印过程中成型室内空气混浊

针对打印过程中成型室内空气混浊的问题,解决办法主要是更换各处的空气过滤滤芯。

（4）旧粉处理

①铲平。使用不锈钢铲刀将供粉仓内粉末铲平如图9.28所示。

图9.28　铲平供粉仓粉末

②推粉。上升供粉仓至超过模块平面约25 mm,将粉末推至溢粉槽如图9.29所示。

图9.29　推粉至溢粉槽

③粉末推平。继续处理粉末,直到供粉仓高度超出之前设置的用户高度10 000 μm左右。此时,供粉仓内的粉末未被使用,不必处理。

④重复操作。重复步骤1—3,处理另一个供粉仓。

⑤抬起吹气喷头。

⑥检查限位块。检查限位块是否正常如图9.30所示。

图9.30　限位块

⑦打开模块锁(图9.31)。

⑧移动模块。向外移动模块至限位块如图9.32所示。

⑨放置收集器。放置收集器(容量至少3 L)于溢粉仓出口下方。

⑩操作控制把手。打开控制把手,释放旧粉,释放结束后,关闭控制把手。

⑪对另一侧溢粉仓重复步骤⑨—⑩。

⑫筛粉。用筛粉系统筛粉,为下次打印做准备,如图9.33所示。

图9.31　模块锁　　　　图9.32　移动打印模块　　　　图9.33　筛粉回收

9.3.5　数据的打印设置

(1)打印控制软件

打印控制软件的操作步骤如下:

①点击加号依次添加支撑文件和实体文件。

②调整打印参数。

③启动置换打印舱内气体为惰性气体,如图9.34所示。

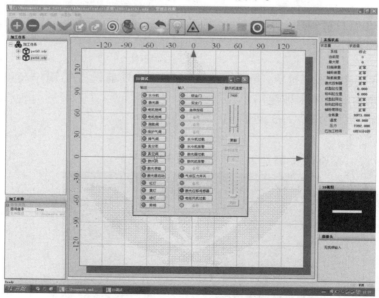

图9.34　置换气体

④点击上方菜单栏开始按钮,开始打印。

(2)SLM 切片软件

1)切片软件介绍

SLM 切片软件(图9.35)的操作步骤:①点击添加按钮依次添加支撑文件和实体文件;②设置加载的模型的位置;③切片导出 SLM 设备所需的文件。

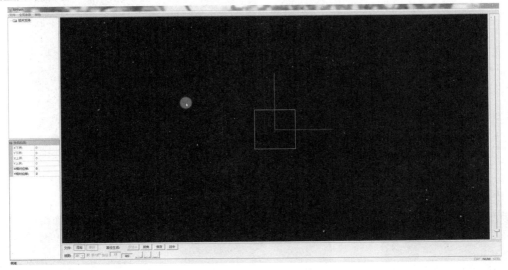

图9.35 SLM 切片软件

2)切片软件设置

SLM 切片主要设置模型的位置参数,通过软件的对中和左下方的位置参数控制(图9.36)。

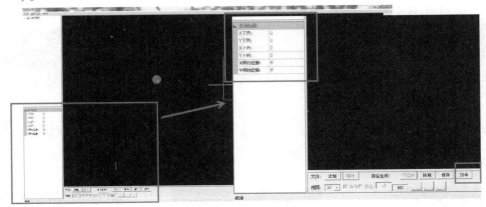

图9.36 切片软件设置

9.3.6 打印控制软件与上机打印

（1）上机打印

①接通电源，启动软件（图9.37）。

图9.37 打开电源

②安装基板（图9.38）。

图9.38 安装基板

③补充粉末，铺平粉末（图9.39）。

图9.39 补充粉末

④调试铺粉刮刀（图9.40）。

图9.40 安装基板

⑤关闭舱门(图9.41),置换气体。

图9.41　置换气体

⑥加载打印文件,调整参数。

⑦打印开始(图9.42)

图9.42　打印中

(2)标准穿戴

1)手套

处理粉末中,应佩戴一次性橡胶手套。粉末处理操作完成后丢弃手套。在未脱下手套前,请勿进行开关操作,使用门把手或其他固定装置,以防止交叉污染。

2)衣着

当工作环境中存在活性金属固化物时,应穿着具有导电性的特殊阻燃材料,且裤子无翻边或封闭口袋。

3)安全口罩

要求佩戴 N99(FFP3)或同等防护级别的一次性防尘口罩。

4)防护镜

处理粉末过程中,要求佩戴紧密贴合的护目镜或者全脸防护面罩。紧急情况下,通过冲洗眼部,清除误入眼部的颗粒。

5)安全靴

在重物品处理区域,必须穿着防静电安全靴。其中包括粉末容器和建模平台区域。标准穿戴示意图如图9.43所示。

图 9.43　标准穿戴示意图

9.4　成型零件后处理

成型零件后处理

9.4.1　SLM 取件

金属件打印完成后,将金属件从基板上剥离下来的方法有线切割、手工分离。

(1)取件操作(图 9.44)

1.使用剪钳剪断支撑　　　　2.使用凿子凿断支撑　　　　3.取件完成

图 9.44　取件操作

(2)线切割取件

线切割取件主要是通过将成型基板清粉后放上线切割机上,采用线切割的方法分离工件和成型基板。

(3)取件工具

SLM 取件常用工具有剪钳、锤子、凿子等,如图 9.45 所示。

图 9.45　取件工具

9.4.2　打印常见问题

（1）打印常见问题

①打印件表面出现断层（图9.46）。

②打印件实体不成型（图9.47）。

③打印中途停止。

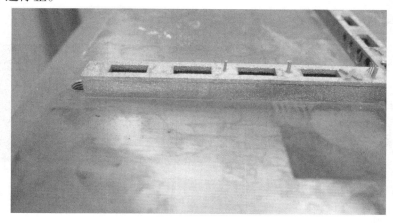

图9.46　断层

图9.47　实体不成型

（2）打印常见问题解决

1）打印件表面出现断层

打印件表面出现断层主要有两个原因：打印过程中打印舱内氧含量超标，停止打印；打印过程中氧含量变化较大，导致表面不同部位氧化程度不同。

解决办法：更换舱门密封圈；使用纯度更高的惰性气体；检查机器漏气的地方，进行封堵。

2）打印件实体不成型

打印件实体不成型主要原因：供粉量不足。

解决办法：更改打印参数中的供粉量相关参数。

3）打印中途停止

打印中途停止主要原因：成型舱内氧含量高于设定值。

解决办法：清洁舱门密封圈；检查并封堵泄漏位置。

9.4.3 SLM 后处理打磨

（1）打磨工具

打磨工具主要有打磨笔，刚玉打磨头、砂质打磨头，如图 9.48 所示。

打磨笔　　　　　　刚玉打磨头　　　　　砂纸打磨头

图 9.48　打磨工具

（2）打磨处理

打磨是为了获得平整的表面，抛光是为了获得光洁的表面。所以如果对金属 3D 打印件进行处理，一般都需要打磨。打磨处理的方法：使用砂纸锉刀手工打磨（图 9.49）；使用气（电）动打磨机进行打磨（图 9.50）。

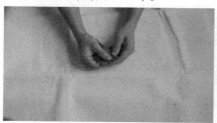

图 9.49　手工打磨

图 9.50　机器打磨

9.4.4 SLM 后处理热处理

（1）热处理工艺

1）简介

在增材制造完成后，将金属零件进行热处理将有效提升零件的性能。热处理是将金属工件放在一定的介质中加热到适宜的温度，并在此温度中保持一定时间后，又以不同速度在不同的介质中冷却，通过改变金属材料表面或内部的显微组织结构来控制其性能的一种工艺。

金属材料的决定因素：化学成分、内部组织。其中"化学成分"是改变性能的基础，"热处理"是改变性能的手段，"组织"是性能变化的根据。

2）热处理的三个阶段

热处理的三个阶段为加热、保温、冷却。如图 9.51 所示最基本的热处理工艺曲线。

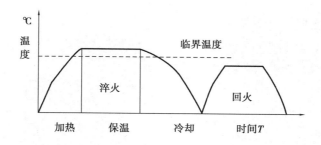

图9.51　热处理工艺曲线示意图

热处理通常与增加材料强度有关,但它也可用于改变某些可制造性目标,例如改善加工,改善可成形性,在冷加工操作后恢复延展性。因此,它是一种非常有利的制造工艺,不仅可以帮助其他制造工艺,还可以通过增加强度或其他所需特性来改善产品性能。只有通过正确的热处理工艺,才能得到一定的组织,获得预期的性能。

3)常见的热处理

常见的热处理工艺可分为普通热处理和表面热处理两大类。

①普通热处理包括退火、正火、淬火和回火。

A.退火:退火是将钢件加热,保温后以极缓慢的速度冷却的一种热处理工艺。退火的目的:降低硬度,以利于切削加工。细化晶粒,改善组织,提高力学性能。消除内应力,为下一道淬火工序做好准备。提高金属的塑性和韧性,便于进行冷冲压或冷拉拔加工。

B.正火是将钢件加热,保温后在空气中冷却的热处理工艺。

正火的作用与完全退火相似,两者的主要差别是冷却速度。退火的冷却速度慢,获得珠光体组织;正火冷却速度快,等到的是索氏体组织。因此,同样钢件在正火后强度和硬度比退火高,而且钢的含碳量越高,用这两种方法处理的强度和硬度的差别愈大。

②表面热处理包括表面淬火、渗碳、渗氮和碳氮共渗等。其中渗碳、渗氮和碳氮共渗又称为化学热处理。钢铁整体热处理大致有退火、正火、淬火和回火四种基本工艺。

A.淬火:将钢加热至AC3线或AC1线以上的某一温度,保温一定时间使之奥氏体化,迅速冷却,从而获得马氏体组织的工艺叫淬火。

B.回火:将经过淬火的工件加热到临界点AC1以下的适当温度保持一定时间,随后用符合要求的方法冷却,以获得所需要的组织和性能的热处理工艺。

C.钢的碳氮共渗:碳氮共渗是向钢的表层同时渗入碳和氮的过程。习惯上碳氮共渗又称为氰化,以中温气体碳氮共渗和低温气体碳氮共渗(即气体软氮化)应用较为广泛。中温气体碳氮共渗的主要目的是提高钢的硬度,耐磨性和疲劳强度。低温气体碳氮共渗以渗氮为主,其主要目的是提高钢的耐磨性和抗咬合性。

D.调质:为了获得一定的强度和韧性,把淬火和高温回火结合起来的工艺。

(2)SLM工件热处理

SLM工件进行热处理的操作步骤:①工件放入内胆(图9.52);②内胆放入热处理炉(图9.53);③设置参数,启动设备(图9.54);④处理完成,取出内胆(图9.55)。

图 9.52　放入内胆

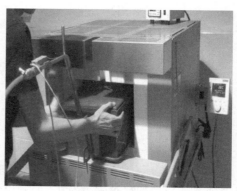

图 9.53　放入热处理炉

图 9.54　启动设备

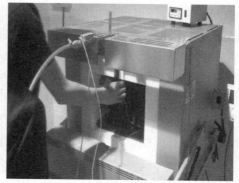

图 9.55　取出内胆

9.4.5　SLM 后处理电镀操作

（1）真空电镀

1）真空电镀简介

为了满足更安全、更节能、降低噪声、减少污染物排放的要求,在表面处理工艺上,真空电镀已经成为环保新趋势。与一般的电镀不同,真空电镀更加环保,同时,真空电镀可以生产出普通电镀无法达到的光泽度很好的黑色效果。

2）真空电镀工艺原理

真空电镀是一种物理沉积现象。即在真空状态下注入氩气,氩气撞击靶材,靶材分离成分子被导电的货品吸附形成一层均匀光滑的表面层。

其过程实在真空条件下,采用低电压、高电流的方式将蒸源通电加热,靶材在通电受热的情况下飞散到工件表面,并以不一定形或液态沉积在工件表面、冷却成膜的过程如图 9.56 所示。

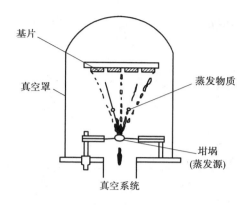

图9.56　电镀原理层示意图

3)真空镀的类型

真空镀膜的镀层结构一般为基材、底漆、真空膜层、面漆,因靶材理化特性直接决定膜层的特性,根据膜层的导电与否,可分为导电真空镀膜(VM)和不导电真空镀膜(NCVM)两种。

①VM。一般用在化妆品、NB类、3C类、汽配类按键、装饰框、按键RING类饰件的表面处理,其表面效果与水电镀相媲美,靶材一般为铝、铜、锡、金、银等。

②NCVM。具有金属质感、透明、但不导电,一般用在通信类、3C类抗干扰要求较高的机壳、装饰框、按键、RING类饰件的表面处理,其表面效果为水电镀代,靶材一般为铟、铟锡。

4)真空电镀的结构。

真空电镀结构如图9.57所示。

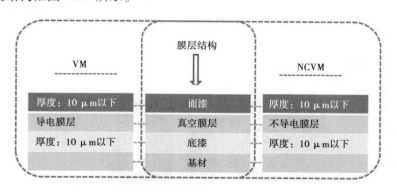

图9.57　电镀层结构示意图

①基材。ABS、PC、ABS+PC、PP、PPMA、POM等树脂类型均可成型真空电镀,要求底材为纯原料、电镀级别更佳,不可加再生材。

②底漆。UV底漆,对基材表面做预处理,为膜层的附着提供活性界面,底漆厚度一般在$5\sim10$ μm,特殊情况可酌情处理加厚。

③膜层。靶材蒸发结果,VM膜层可导电,NCVM镀层不导电,且抗干扰性效果很好,膜层厚度0.3 μm以下。

④面漆。面漆利用三基色原理可与色浆搭配出各类颜色,同时对真空膜层起保护作用,再加上UV、PU的表面装饰,效果更漂亮,厚度一般在$8\sim10$ μm,特殊情况可酌情处理加厚。面漆的颜色多变效果机理:利用三色原理将面漆与色浆混合调试达成,如图9.58所示。

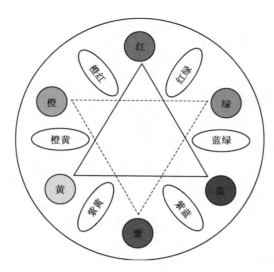

图 9.58　面漆颜色机理

5）真空镀的适用范围

真空电镀适用范围较广，如 ABS 料、ABS + PC 料、PC 料的产品。同时因其工艺流程复杂、环境、设备要求高，单价比水电镀昂贵。现对其工艺流程作简要介绍，如图 9.59 所示。

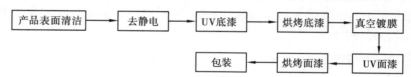

图 9.59　真空电镀流程

6）真空电镀的效果

真空电镀样件如图 9.60 所示。

图 9.60　真空电镀样件

7)设计要求

电镀件设计要求见表9.3。

表9.3　电镀件设计要求

项次	内容	要求	原因
1	原材料方面	选用电镀级材料	非电镀级材料或再加生材造成内应力大,易使产品变形
2	模具设计方面	①边角部位不可设计成直角状态,要成"R"角;②考虑产品留有安放夹具位置;③设计堆叠柱,方便包装	①底漆、面漆流平性不好,易产生复线,外观不良;②方便夹具固定产品;③方便包装
3	注塑成型方面	电镀级原料,不可加再生材;多段射出,合理设定保压时间,减少内应力	内应力大会造成产品附着力不好,物性测试不易通过,保压时间短,产品过UV灯时易变形、缩水
4	包装运输方面	设计专用吸塑盒或其他专用包装方式	防止产品在运输过程中损伤表面

8)真空电镀与水电镀特性比较

真空电镀与水电镀特性比较见表9.4。

表9.4　真空电镀与水电镀对比

项次	比较内容	水电镀	真空电镀
1.外观	A.亮面效果可调范围	小	大
	B.高光效果	高	较高
	C.亚光效果深镀性	好	一般
	D.金属质感	强	强
	E.透光性	需激光方可透光	MCVM 不用激光可透光
2.尺寸	A.高低电位	有	无
	B.边角位	尺寸变化大	尺寸变化小
3.物性测试	A.膜厚	厚,有高低电位差	薄,0.3 μm 以下均匀
	B.耐磨性	好	较差
	C.耐候性	中等	好(有 UV 保护)
	D.抗干扰	差	好(NCVM)
4.环保	A.原料利用率	高	一般
	B.废弃物产生	较多	少
	C.工作环境要求	较高	高
5.成本	A.加工费用	一般	高

（2）电镀工艺操作

1）真空电镀设备及环境要求

真空电镀的质量很大程度上取决于设备质量和环境清洁度（无尘度），如图 9.61 所示。清除真空镀膜室内的灰尘，设置清洁度高的工作间，保持室内高度清洁是真空镀膜工艺对环境的基本要求。空气湿度大的地区，除镀前要对基片、真空室内各部件认真清洗外，还要进行真空烘烤除气。要防止油脂带入真空室内；注意降低油扩散泵返油，对加热功率高的油扩散泵必须采取挡油措施。

图 9.61　真空电镀设备环境

对经过清洗处理的清洁表面，不能再大气环境中存放，要用封闭容器或保洁柜储存，以减少灰尘。用刚氧化的铝容器储存玻璃衬底，可使烃类化合物蒸气的吸附减至最小。因为这些容器优先吸附烃类化合物。对于高度不稳定的、对水蒸气敏感的表面，一般应储存在真空干燥箱中。

2）水电镀工艺设备

水电镀生产线按生产方式可分为：手动电镀生产线、半自动电镀生产线、全自动电镀生产线。目前越来越多的电镀生产线采用全自动的方式，如图 9.62 所示。

图 9.62　电镀生产线

3)电镀工艺步骤

电镀工艺步骤如图9.63所示。

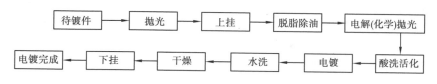

图9.63　电镀的工艺步骤

思政小故事

2021年2月5日,零壹空间科技集团有限公司自主研发的OS-X6B新型智能亚轨道火箭暨"重庆两江之星"在西北某发射场成功发射,试验载荷成功分离,全程飞行正常。该枚火箭为零壹空间OS-X系列商业火箭,是为航空航天技术验证量身打造的专用飞行试验平台,OS-X6B火箭首次采用3D打印姿控动力系统产品飞行。

钛合金3D打印姿控动力系统-气瓶组件

项目 *10*

聚合物喷射成型（PolyJet）打印工艺与后处理

10.1 PolyJet 技术概述

PolyJet 技术概述

10.1.1 认识 PolyJet 及其设备结构

（1）认识 PolyJet 技术

1）PolyJet 原理

PloyJet 原名为聚合物喷射技术成型，其原理为通过打印头（类似于用于标准喷墨打印的打印头）喷射出聚合材料，在紫外（UV）光下固化光敏树脂材料的液滴，并逐层构建部件。

2）PolyJet 打印过程

喷头沿 X/Y 轴方向运动，光敏树脂喷射在工作台上，同时 UV 紫外光灯沿着喷头运动方向发射紫外光对工作台上的光敏树脂进行固化，完成一层打印。

之后工作台沿着 Z 轴下降一个层厚，装置重复上述过程，完成下一层的打印；重复前述过程，直至工件打印完成；最后打印件去除支撑材料。

3）优点

精确度高：精密喷射与构件材料性能可保证细节精细与薄壁。

清洁：适合于办公室环境，采用非接触树脂载入/卸载，容易清除支持材料，容易更换喷射头。

快捷：得益于全宽度上的高速光栅构建，可实现快速的流程，可同时构建多个项目，并且无须事后凝固。

多用途：FullCure 材料品种多样，可适用于不同几何形状、机械性能及颜色的部件，所有类型的模型均使用相同的支持材料，因此可快速便捷地变换材料。

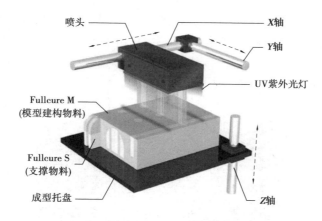

图 10.1　PolyJet 打印原理图

4）缺点

需要支撑结构。

耗材成本相对较高：尽管与 SLA 一样均使用光敏树脂作为耗材，但价格比 SLA 的高。

成型件强度较低：PolyJet 需要特别研发的光敏树脂，成型后的工件强度、耐久性都不是太高。

5）产品应用

　　航空航天上一些硬质、弹性体和透明材料的精确原型制作；采用 PolyJet 技术并结合平滑的刚性、透明和柔性材料，可制作极精细的原型、模具和最终用途零件；PolyJet 3D 打印机使用包括透明、柔性和刚性材料等在内的材料打印精准原型，使消费产品设计更有效率；PolyJet 数字材料使国防工程师和设计师可选择他们需要，用于评价每个零件准确属性；PolyJet 技术可提供术前模拟、制作假肢、假牙等；使用橡胶类材料或透明材料制作美观的模型；使用一系列材料（包括准备用于涂装的刚性感光树脂）制作建筑模型。应用领域如图 10.2 所示。

图 10.2　应用领域

（2）PolyJet 设备结构

　　Stratasys J750 是 PolyJet 型 3D 打印设备，目前世界上最大型的多材料 3D 打印机，配备从全比例原型到精密小型零件的全封装托盘。是通过真正的全彩色功能，纹理映射和色彩渐变，为 3D 打印原型，其外观，感觉和操作类似于多种材料和颜色的成品，而不会牺牲复杂性和复杂性的时间。通过生动逼真的样本更好地传达设计,并节省手动后处理延迟和成本。PolyJet 设备包括机盖、控制电脑、材料柜、打印头、打印平台、废料架等结构,具体如图 10.3—图 10.6 所示。

图 10.3　Stratasys J750

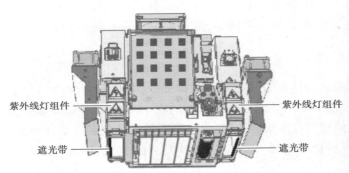

图 10.4　喷头组件

图 10.5　成型托盘

图 10.6　废料架、材料柜

10.1.2　WJP 打印技术

（1）WJP 原理

白墨填充 3D 打印技术（White Jet Process,WJP）,其利用光敏树脂材料在紫外光照射下固化成型原理,逐渐发展成为非金属多材料复合打印的关键技术。每喷射打印出一个薄层的光敏树脂后即用紫外光快速固化,每打印完成一层,机器成型托盘便极为精确的下降,而喷头持续工作,直到完成。基于彩色喷墨原理,自主创新研发了打印补偿墨滴技术,通过添加白墨滴,实现了全彩色打印功能对墨滴厚度、精度、平整度和色彩的要求,如图 10.7 所示。

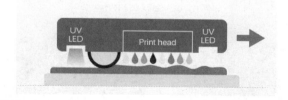

图 10.7　WJP 原理图

（2）应用材料

应用材料支持硬质光敏树脂、类橡胶材料、类 ABS 材料、类 nylon 材料、果冻状支撑料、水溶性支撑材料等六大类性能优异的打印材料,如图 10.8 所示。

类橡胶材料通过数字聚合物混合打印技术,实现不同软硬度属性的梯度复合呈现。

（3）技术优势

全彩色打印（图 10.9）:多通道数字化全彩色 3D 打印技术,可为您提供独特的色彩配置方案,从而创造出炫丽的卓越作品。

多材料软硬复合打印（图 10.10）:WJP 白墨填充 3D 打印技术使用的光敏聚合物多达数百种。从类橡胶到刚性材料,从透明材料到不透明材料,从无色材料到彩色材料,从标准等级材料到生物相容性材料。为神经外科、心血管、肿瘤等复杂手术医学模型的打印提供多样化复合材料 3D 打印解决方案。

高精度（图 10.11）:最大分辨率高达 16 μm 和 1 800 dpi 的打印精度,可确保获得光滑、精致细节的卓越部件和医学模型。

彩色 透明 软硬

| 22 ± 2 邵氏A | 65 ± 2 邵氏A | 77 ± 2 邵氏A | 53 ± 2 邵氏D | 66 ± 2 邵氏D | 69 ± 2 邵氏D | 80 ± 2 邵氏D | 90 ± 2 邵氏D |

图 10.8 应用材料

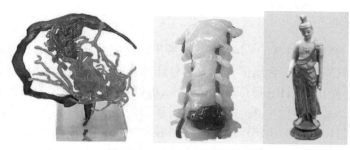

图 10.9 全彩色打印模型

图 10.10 多材料软硬复合打印

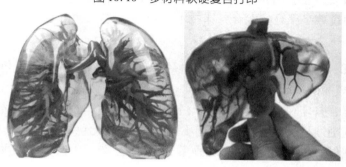

图 10.11 高精度

数据处理

10.2　数据处理

10.2.1　模型的检查

（1）模型破损原因

模型数据获取的路径多种多样,可以在网上下载,也可以用三维建模软件进行建模,从而得到模型数据,由于 3D 打印工艺中,模型数据的格式应为 STL,才能对数据进行切片处理,所以所有的数据最后需转换为 STL,在数据转换过程中,可能会造成数据破损,所以对数据进行切片处理前,需对数据进行检查,其关系如图 10.12 所示。

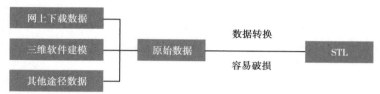

图 10.12　破损原因

（2）模型数据检查

1）数据的导入

打开 magics 软件后,将数据导入的软件中,操作流程:

①在"文件"菜单栏中,点击"加载",再点击"导入零件"。

②选择文件路径,点击"开启旧档"。

2）数据检查

模型数据检查操作步骤:

①在"修复"工具页中,点击"修复向导"。

②选择左侧"诊断",再点击右侧的"更新"按钮。(注:诊断页面全部打钩表示模型没有破损。)

（3）破损模型打印结果

打印破损模型时,会大大提高模型打印的失败率,若模型上有一个孔洞,则打印出来的模型表面会出现破损,打印破损模型时,会对设备造成影响,若不及时维护设备,则会导致下一次打印失败。数据破损如图 10.13 所示。

图 10.13　数据破损

项目实训

项目名称	模型的检查	学时		班级	
姓名		学号		成绩	
实训设备		地点		日期	
训练任务	辨别模型是否破损,对破损模型进行修复				

★工程案例引入:

多种模型上机前的数据检查。

提出问题:如何检查模型是否破损?

★训练一:

①从网上下载模型数据。

②用建模软件创建简单几何体。

③填写下面表格。

序号	模型	数据来源
1		
2		
3		
4		
5		
6		
7		

★训练二:

①检查模型数据是否破损。

②填写下面表格。

序号	模型	是否破损
1		
2		
3		
4		

★课后作业:

①从多个渠道获取模型数据。

②将数据转换成 STL。

③检查数据是否破损。

④预习下一章节。

★5S 工作:请针对自身清理整顿情况填空。

□ 打印设备返回参考点,清理卫生,按要求关机断电。

□ 工具器材已放至指定位置,并按要求摆好。

□ 已整理工作台面,桌椅放置整齐。

□ 已清扫所在场所,无废纸垃圾。

□ 门窗已按要求锁好,熄灯。

□ 已填写物品使用记录。

小组长审核签名:

10.2.2　模型壁厚的设计

(1)模型壁厚的检查

1)模型壁厚测量

模型壁厚测量操作流程如下:在右侧"测量工具页"中(图 10.14),点击"厚度"测量;点击模型上任意位置,即可测量此处厚度数值(图 10.15)。

图 10.14　测量工具页

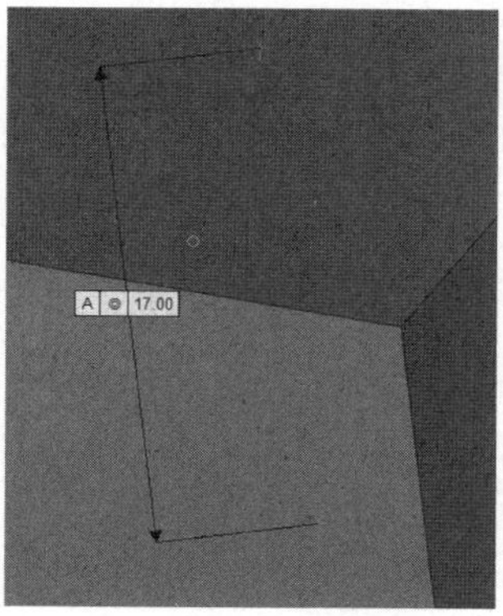

图 10.15　测量厚度

2)模型壁厚分析

模型壁厚分析操作流程如下:在"分析 & 报告"命令栏中(图 10.16),点击"壁厚分析"(图 10.17),在弹出的对话框中设置好参数。

图 10.16　分析报告

图 10.17　壁厚分析

（2）模型壁厚的设计

1）模型抽壳处理

模型抽壳操作流程如下：在"工具"命令栏中，点击"镂空零件"；在弹出的对话框中设置好参数，如图 10.18 所示。

图 10.18　抽壳零件

2）打孔处理

模型打孔操作流程：在"工具"命令栏中，点击"打孔"；设置好参数，点击"添加"（图 10.19）；点击模型上合适的位置进行打孔。

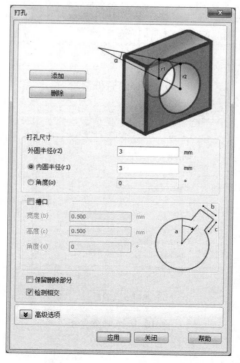

图 10.19　打孔处理

（3）模型壁厚大小对打印效果的影响

在 PolyJet 打印工艺中，由于材料收缩率大，若模型壁厚不均，会导致工件收缩不一致，从而出现模型凹陷情况，若模型壁厚过大，则会导致收缩量过大，从而使模型尺寸偏差较大，所以模型壁厚需均匀，且不能过大，如图 10.20 所示。

图 10.20　壁厚均匀的模仁

10.2.3　软件贴图设计

（1）贴图的概念

传统 3D 打印机打印出来的模型一般为白模，为单一的颜色，打印出如图所示效果只能后期上色，但 PolyJet 设备可以打印彩色模型，但在打印前要进行贴图设计。

贴图设计指的是将图片上的信息附着在模型表面，使模型表面也有图片上相应的信息。

（2）贴图软件

1）Magics 软件贴图操作

①贴图流程（图 10.21）

打开 magics；导入模型；按"F6"选中模型的所有面（模型显示为绿色）；在纹理工具栏中选择新纹理；调节参数，点击确定；重复上述操作；导出文件，格式为 VRML。

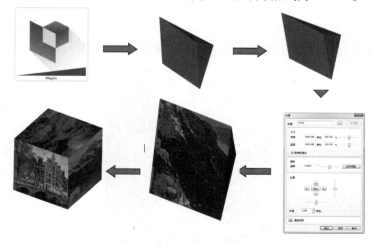

图 10.21　贴图流程

②贴图类型

贴图有两种方式,一种是垂直投影,一种是圆柱形投影。

垂直投影是软件根据图片的法相,将图片的颜色按指定矢量投射到模型的表面,如图 10.22所示。圆柱形投影是软件将图片颜色均匀的缠绕的模型四周,如图 10.23 所示。

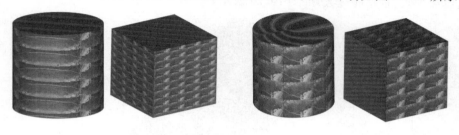

图 10.22　垂直投影　　　　　　　　　　图 10.23　圆柱形投影

贴单一的面时,垂直投影效果最佳,贴圆柱形的面时,圆柱形投影效果最佳。

2)其他贴图软件

Magics 软件是较为简单的贴图软件,可对一些简单的模型进行贴图,若是一些复杂的模型要进行贴图设计,则需要用到其他的贴图软件,如 ZBrush 和 3D Max(图 10.24)。

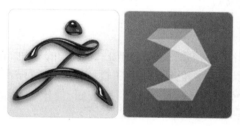

图 10.24　ZBrush、3D Max

10.2.4　PolyJet 材料

(1)材料的特性

PolyJet 成型工艺所使用的材料为光敏树脂,打印前都呈现为液态,当被激光照射后,便会快速变成固态,由于可以同时打印多种不同性能的材料,所以打印出来的工件,可以有多种颜色,多种材质。不同材料的测试块如图 10.25 所示。

图 10.25　不同材料的测试块

（2）材料的种类

PolyJet 喷墨打印技术可使用多种材料进行打印，材料特性多种多样，不胜枚举。PolyJet 光敏树脂材料包括数字材料、数字 ABS、高温、透明、刚性不透明、类聚丙烯、橡胶类、生物相容性、牙科材料，如图 10.26 所示。

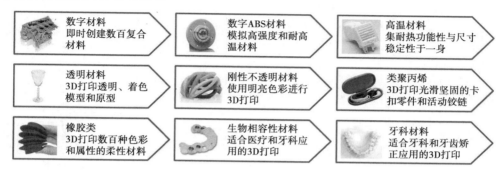

图 10.26　PolyJet 材料图

（3）打印材料在喷头中的分布

J750 彩色 3D 打印机的 PolyJet 喷头共有八组喷孔（如图 10.27 所示的①②③④⑤⑥⑦⑧），每组 192 个，共 1 536 个；分别连接 6 种光敏树脂模型材料（含软性模型材料 1 组，硬性白、黑、黄、青和品红模型材料各 1 组）和 2 组水溶性支撑材料。图中⑨所示为清洁剂喷孔，共 8 个，分列于喷头两侧，用于喷射清洁剂以清洁喷头表面。PolyJet 彩色 3D 打印过程中，可以由对应喷孔直接喷出各种颜色的光敏树脂材料；白、黑加上黄、青和品红三原色为 5 种基本颜色，其他颜色由三原色按照不同比值相加混合而成。

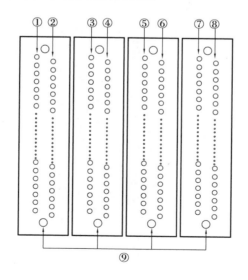

图 10.27　J750 喷头简图

项目实训

项目名称	PolyJet 材料种类	学时		班级	
姓名		学号		成绩	
实训设备		地点		日期	
训练任务		辨别材料的类别,根据要求选择合适的材料特性。			

★工程案例引入:

公司采购了一批 PolyJet 工艺的打印材料,这些材料较多,涵盖了市面上主流的打印材料,要求你去负责接收并统计这批材料,记录好这批材料的种类与数量。

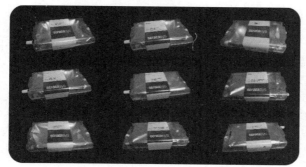

提出问题:统计打印材料的种类和特性。

★训练一:

1. 阐述 PolyJet 成型材料的特点。

2. 填写下面表格。

序号	材料类别	材料特点
1		
2		
3		
4		
5		
6		
7		

★训练二：

1. 根据给出粉末辨识材料种类。

2. 填写下面表格。

粉末序号	部件结构特征
1	
2	
3	
4	

★课后作业：

1. 辨识材料种类。

2. 预习下一章节。

★5S 工作：请针对自身清理整顿情况填空。

□ 打印设备返回参考点，清理卫生，按要求关机断电。

□ 工具器材已放至指定位置，并按要求摆好。

□ 已整理工作台面，桌椅放置整齐。

□ 已清扫所在场所，无废纸垃圾。

□ 门窗已按要求锁好，熄灯。

□ 已填写物品使用记录。

小组长审核签名：

10.2.5　GrabCAD 软件处理

(1)模型打印材质与颜色设置

1)操作流程

打开 GrabCAD 软件;导入模型数据;点击右边工具栏的打印设置;选择材料与颜色,如图 10.28 所示。

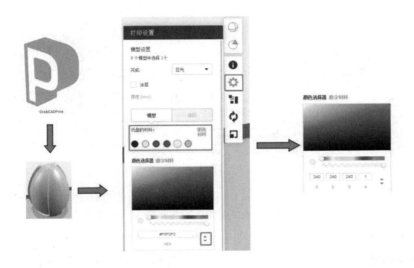

图 10.28　操作流程

2)托盘材料选择

托盘的材料一定要与设备料仓中的材料对应,可以在软件中修改对应的材料,具体操作如图 10.29 所示。

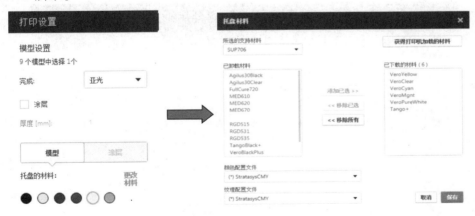

图 10.29　更换材料库

(2)模型软硬度调节

操作流程(图 10.30):

①点击左侧打印设置。

②选择软胶材料(若无显示,需点击更换材料,添加软胶材料)。

③点击 ↕ 切换到 RGB 值,并输入 RGB 值;点击下方邵氏硬度水平,调节硬度。

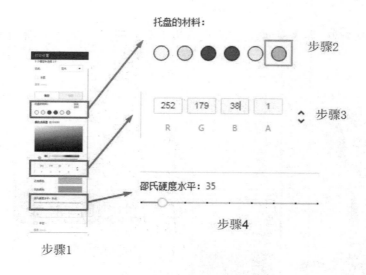

图 10.30　模型软硬度调节

(3)打印信息预测

模型参数设置完成时,我们可以对打印时间与耗材损耗进行预测,如图 10.31 所示。

托盘预算		多组合
红眼珠	打印时间	2小时 42分钟
	材料总计 (克)	51
	支持总计 (克)	18
	Tango+	4
	VeroMagenta-V	4
	VeroPureWhite	39
	VeroYellow-V	4
	SUP706	18

图 10.31　打印信息预测

10.3　PolyJet 成型设备基本操作

成型设备基本操作

10.3.1　标准化穿戴

(1)工作环境

PolyJet 成型技术所使用的材料为光敏树脂材料,所以设备所处环境中有大量的光敏树脂气味,这些光敏树脂有轻微毒性,所以在操作设备前需要进行安全穿戴,保证操作者人身安全,如图 10.32 所示。

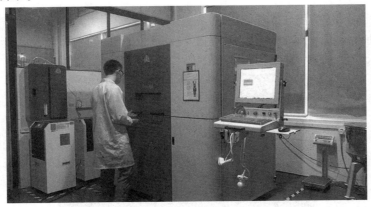

图 10.32　设备环境

(2)标准穿戴

操作设备时需要穿戴的护具有:穿戴口罩;穿戴手套;标准穿戴方式如图 10.33 所示。

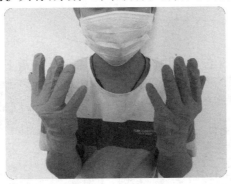

图 10.33　标准穿戴

10.3.2　设备初始化操作及意义

(1)设备初始化操作

设备初始化流程:成型平台复位→喷头复位→舱门复位,如图 10.34 所示。

图 10.34　设备初始化操作

（2）初始化的意义

初始化指的是设备的复位操作，在平时的操作中，出于一些原因，设备零部件的位置发生了改变。为了使设备重新校准位置，所以需要对设备进行初始化操作，便于后续的打印操作，如图 10.35 所示。

图 10.35　加热模块复位

10.3.3　机器调试

（1）成型平台清理

操作流程：酒精倒到擦油纸上（图 10.36）；用纸在成型托盘上来回擦拭（图 10.37）。

图 10.36　倒酒精

图 10.37　擦拭平台

（2）废料收集器清理

操作流程：酒精倒到清洁布上（图 10.38）；擦拭废料收集器（图 10.39）。

图 10.38 酒精倒入清洁布   图 10.39 擦拭废料收集器

（3）材料选择及测试

1）材料选择

如图 10.40 所示，该模型外侧为软胶材料，主体为透明材料，内部为不透明材料。

选择材料：VeroYellow；VeroClear；VeroCyan；VeroMgnt；VeroPureWhite；Tango＋；SUP706。

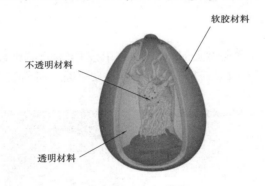

软胶材料

不透明材料

透明材料

图 10.40 龙蛋

2）材料介绍（表 10.1）

表 10.1 材料报表

名称	特点	颜色	用途
VeroYellow，RCD836	1.死板；2 不透明；3.尺寸稳定	透明黄色	1.形式和适合陛测试；2.移动部件和组装部件；3.销售，营销和展览模式；4.装配电子元件；5.硅成型
VeroClear，RCD810	1.死板；2 透明；3.尺寸稳定	透明五色	1.透明部件的形状和配合测试，如玻璃消费品，眼镜，灯罩和箱子；2.液体流动的可视化；3.医疗应用；4.艺术和展览建模
VeroCvan，RCD843	1.死板；2.不透明；3.尺寸稳定	蓝色刚性	1.形式和适合陛测试；2.移动部件和组装部件；3.销售，营销和展览模式；4.装配电子元件；5.硅成型

续表

名称	特点	颜色	用途
Veromegnt	1. 死板;2 不透明;3. 尺寸稳定	桃红	1. 形式和适合陛测试;2. 移动部件和组装部件;3. 销售,营销和展览模式;4. 装配电子元件;5. 硅成型
VeroPureWnite,RCD837	1. 死板;2 不透明;3. 尺寸稳定	纯白刚性	1. 形式和适合陛测试;2. 移动部件和组装部件;3. 销售,营销和展览模式;4. 装配电子元件;5. 硅成型
Tango$^+$	1. 软胁;2.半透明;3. 尺寸稳定	浅黄	1. 橡胶包围和包覆成型;2. 柔软触感涂层和防滑表面;3. 旋钮,把手,拉手,把手垫圈,密封件,软管和鞋类
可溶性,SUP706	1. 水溶性;2.支持使用多种材料进行打印	乳白	支持模型结构,因为它们构建在所有支持 PolyJet 3D 打印机上

3）材料装卸

软件中点击换料按钮;抽出料仓中需要更换的材料盒;插入指定的材料盒;软件中点击更换材料。

4）材料测试

将一张粉红色的 A4 纸放置在喷头前面;在软件中按 F3 运行测试程序;喷头在 A4 纸上喷射材料;取出 A4 纸并观察喷射效果;打印样条要均匀没有断。材料装卸、材料测试流程如图 10.41、图 10.42 所示。

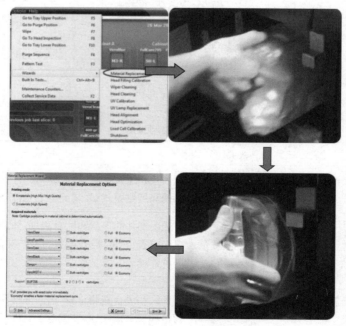

图 10.41　材料装卸

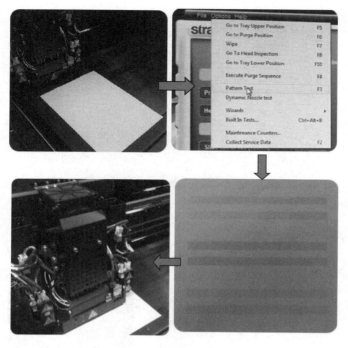

图 10.42　材料测试

10.3.4　喷头调节

（1）喷头调节准备

1）启动命令

操作流程（图 10.43）：在控制软件中点击"Options"；再选择"Wizards"；最后点击"Clening"。

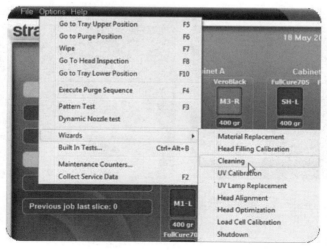

图 10.43　启动命令

2）清理操作

启动命令后，网板将自动下降，喷头将移动到成型平台上方，此时将舱门打开，把一面镜子放置喷头下方,如图10.44所示。

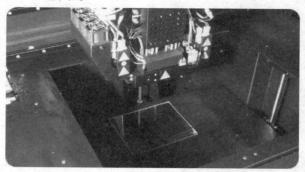

图 10.44　放置镜子

（2）喷头清理及复位

1）清理喷头

清理喷头前先进行以下操作:穿戴好手套(图10.45);将酒精倒入清洁布中(图10.46)。

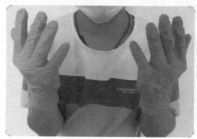

图 10.45　穿戴手套　　　　图 10.46　倒酒精

喷头清理操作流程:手握清洁布,以来回移动的方式清理孔板,通过镜子观察是否清洗干净,如图10.47所示;对整个滚筒表面进行清理,方法是边旋转滚筒边进行清理,如图10.48所示。

图 10.47　清理孔板　　　　图 10.48　清理滚筒

2）喷头复位

将镜子从成型平台上取走(图10.49);关闭舱门(图10.50)。

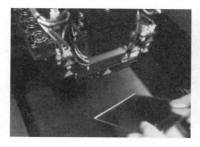

图 10.49　取出镜子

图 10.50　关闭舱门

在软件中将方块全部打钩,然后点击下一步,如图 10.51 所示;设备的喷头将自动复位,成型平台将升至初始高度,如图 10.52 所示。

图 10.51　软件操作

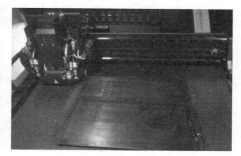

图 10.52　喷头复位

10.3.5　设备的基本故障

（1）设备的故障因素

设备故障因素有很多,大致上可分为人为操作故障与设备自发故障。

人为操作故障是由于人为操作不当,从而造成设备故障,一般可通过规范化操作避免这些故障的发生;设备自发故障指的是由于设备长期运作,一些零配件自然损坏或者积尘过多导致零配件无法正常工作,一般可通过定期检查,提前处理这些故障。

（2）设备的基本故障类型

设备在使用过程中,经常出现的故障有:输料管破损,导致材料泄露;孔板堵塞,导致材料无法挤出;废料容器内废料过多,导致废料溢出。输料管、孔板、废料容器如图 10.53 所示。

图 10.53　输料管、孔板、废料容器

（3）设备故障的危害

设备出现故障时,若不及时处理,会导致以下几种危害发生:

①设备打印失败,耽误交货期。

②使设备零部件损坏,并影响到其他配件。

③对操作者人身安全产生威胁。

10.3.6 设备的基本维护

（1）设备维护及其意义

设备维护时间如表10.2所示。

表10.2 例行维护时间

任务	频率
打印之前和之后	检查紫外线灯过热指示器
打印之前和之后	清理打印头和滚筒左面
每天	清理并检查橡皮刷
每周	执行图样测试
每周	重启打印机和服务器
每周	清洁滚筒废料收集器
每打印300 h(出现提醒消息)	校准紫外线强度
每打印300 h(出现提醒消息)	优化打印头
每月,以及更换打印头后	检查打印头是否对齐
每月	检查排气系统(通风管、风扇、接头)
每月	校准测压元件
每打印1 500 h	更换废料泵管
每两年或每打印3 500 h	由授权的维护工程师执行预防性维护

设备的基本维护项目:紫外线灯检查(图10.54);清理打印头和滚筒(图10.55);清理橡皮刷(图10.56)。

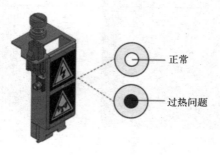

图10.54 紫外线灯检查

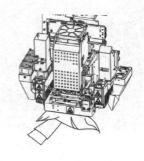

图10.55 清理打印头

图 10.56　清理橡皮刷

设备维护的意义在于,设备在长期的使用过程中,机械的部件磨损,间隙增大,配合改变,直接影响到设备原有的平衡,设备的稳定性,可靠性,使用效益均会有相当程度的降低,甚至会导致机械设备丧失其固有的基本性能,无法正常运行。因此,设备就要进行大修或更换新设备,这样无疑增加了企业成本,影响了企业资源的合理配置。为此必须建立科学的、有效的设备管理机制,加大设备日常管理力度,理论与实际相结合,制订科学合理的设备维护、保养计划。

(2)废料容器更换

打印机废料含有打印机正常运行和维护时收集的部分凝固的聚合材料。为确保安全和环保,应将该材料保存在特制的防泄漏的一次性容器中。

该容器能容纳 10 kg 的废料——通常足够打印机使用几个月。当容器中材料为 9 kg 时,打印机应用程序显示警告消息,并且在净重达到 9.5 kg 时停止打印。高于 9 kg 时,软件不允许用户启动打印作业或活动,直到更换废料容器(图 10.57)。

图 10.57　更换废料容器

10.3.7　数据的打印设置

(1)打印准备

请确保打印机成型托盘是干净的且是空的;请确保加载了充足的模型材料和支撑材料;在打印机界面,点击红色按钮将打印机切换至在线模式。打印机指示器如图 10.58 所示。

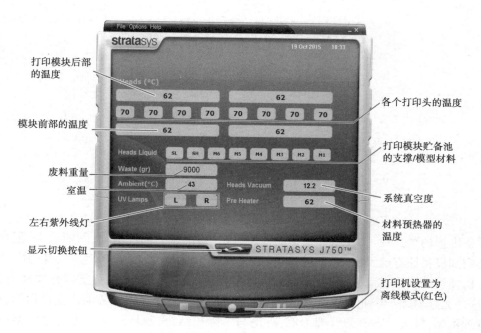

图 10.58　打印机指示器

（2）打印开始

　　如果打印机处于在线状态，将一个打印作业发送至打印机时，打印机界面屏幕会发生变化：模型由预打印变为正在打印；正在执行的特定活动在"当前活动"字段中显示；显示当前作业打印信息；显示打印进度条；Stop（停止）和 Pause（暂停）按钮可用。打印机打印时的界面如图 10.59 所示。

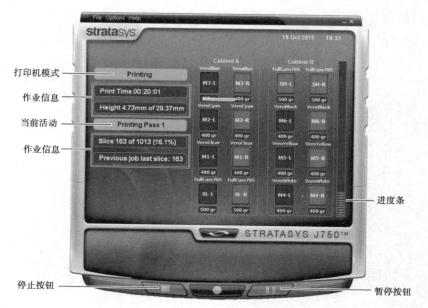

图 10.59　打印机打印时的界面

330

（3）打印停止后恢复生产

如果打印机处于离线模式,请通过点击打印机界面底部的红色按钮将其切换为在线模式,按钮由红色变为绿色。

确保打印机与服务器计算机之间的连接处于活动状态,在 PolyJet Studio 的 Manager 界面,点击 Resume(恢复)图标。

在出现的 Continue from Slice(从切片继续)对话框中,确保输入了正确的切片数。正确切片数是打印机界面的 Previous job last slice box(前一作业最后切片框)字段中的值加1。

若对话框没有显示正确的数值,则会显示中断打印后的打印界面(图 10.60)。请输入正确的数值并点击 OK。

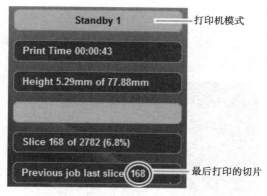

图 10.60　中断打印后的打印机界面

10.4　PolyJet 成型零件后处理

成型零件后处理

10.4.1　取件

（1）取件准备

1)工具准备

取件前需要准备的工具包括口罩、手套、刮刀、铲刀,如图 10.61 所示。

图 10.61　口罩、手套、刮刀、铲刀

2)标准穿戴

操作设备时需要穿戴的护具有:穿戴口罩;穿戴手套。

（2）取件操作

取件操作时先将设备舱门打开,然后用铲刀对准工件底部,将工件铲出,工件铲出后,用刮刀将残留的支撑材料清除掉,如图 10.62、图 10.63 所示。

 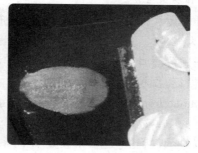

图 10.62　铲刀铲件　　　　图 10.63　去除支撑

（3）成型平台清理

工件从设备中取出后,应及时用沾酒精的纸巾对成型平台进行擦拭(图 10.64),保证成型平台干净,擦拭完成后将舱门关闭。

图 10.64　平台清理

10.4.2　打印常见问题

（1）打印数据常见问题

打印数据常见问题有:

色差:随着打印次数的增加,模型设置的颜色会出现一定的色差,颜色设置如图 10.65 所示。

涂层:涂层设置时,涂层的厚度应小于等于模型最小特征的厚度,图层设置如图 10.66 所示。

图 10.65　颜色设置　　　　图 10.66　图层设置

（2）机器设备常见问题

机器设备常见问题有：紫外线灯辐射水平过低，导致树脂固化不够；孔板堵塞，导致树脂无法正常流出；滚筒刮刀组件损坏，导致打印时无法正常刮平；橡皮刷杂质过多，导致孔板上杂质过多。紫外线灯检查、孔板与刮刀、橡皮刷如图10.67—图10.69所示。

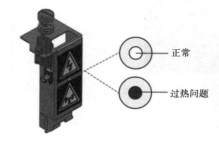
正常
过热问题
图10.67　紫外线灯检查

图10.68　孔板与刮刀

图10.69　橡皮刷

（3）打印常见问题的预防

打印常见问题的预防措施：对设备进行颜色校正；设置涂层前先测量模型厚度；打印前检查紫外灯是否正常；打印前对喷头组件与橡皮刷进行清洁。

10.4.3　工件清洗与打磨

（1）工件清洗

1）工件清洗准备

清洗工件前先准备以下工具：高压水枪机（图10.70）、手套（图10.71）。

图10.70　高压水枪机

图10.71　手套

2）工件去支撑操作

工件去支撑操作流程：将工件放入水枪机中；调整水压大小，将水枪对准工件，轻踩开关，用高压水流冲洗掉工件上的支撑材料（图10.72）。

图 10.72　去支撑操作

3）氢氧化钠溶解支撑

氢氧化钠溶解支撑见表 10.3。

表 10.3　说明表

氢氧化钠水溶液溶解支撑	
原理	PolyJett 打印技术中,模型的支撑材料一般选用 SUP706,这种材料可被氢氧化钠水溶液(5% 氢氧化钠)溶解,而模型本身不受影响
适用对象	模型存在细小特征,受力易损坏,存在死角区域的支撑材料
优点	可以让模型的表面光滑、干净
缺点	①溶解时间长;②氢氧化钠腐蚀性强,操作须谨慎
操作流程	①按比例(氢氧化钠占比 5%)分别称取水和氢氧化钠的质量;②将氢氧化钠倒入水中,并搅拌均匀;⑧将模型浸泡在溶液中,时间为 30 ~ 60 min;④将模型取出并用水冲洗模型表面
注意事项	氢氧化钠可导致化学灼伤、疤痕和失明。绝对不要将水灌入氢氧化钠,在稀释溶液时,应将苛性碱添加到水中,操作时戴手套

（2）工件打磨

刚打印好的模型上有明显的台阶痕,这些台阶痕影响了整体的美观,用砂纸打磨工件,可去除掉模型上的台阶痕,使工件表面光顺。打磨前的工件如图 10.73 所示。

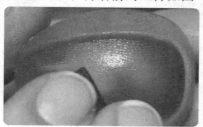

图 10.73　打磨前的工件

工件打磨流程:先用 300 目砂纸打磨模型,将模型上大部分的台阶痕去除掉;再用 600 目砂纸打磨模型,将工件上打磨的划痕减少;最后用 1 000 目砂纸打磨模型,使工件表面光顺。打磨操作如图 10.74 所示。

图 10.74　打磨操作

（3）工件喷光油操作

模型打磨好后,需要在表面喷涂 UV 光油,将模型表面的划痕与孔洞填补,使模型透明度增强。

思政小故事

　　珠海赛纳科技有限公司自主研发的全彩色打印技术,可实现全彩色、多材料、体素级3D 打印效果,广泛应用于数字医疗、教育培训、工业设计等领域。突破了核心部件国外进口限制,解决了"卡脖子"问题,从而推动了中国全彩 3D 打印领域的革新与发展。

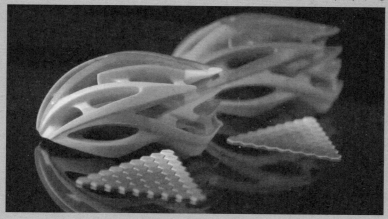

全彩 3D 打印效果

参考文献

［1］王永信.快速成型及真空注型技术与应用［M］.西安:西安交通大学出版社,2014.

［2］朱红.3D 打印技术基础［M］.武汉:华中科技大学出版社,2017.

［3］吴立军.3D 打印技术及应用［M］.杭州:浙江大学出版社,2017.

［4］王永信,邱志勇.逆向工程及检测技术与应用［M］.西安:西安交通大学出版社,2014.